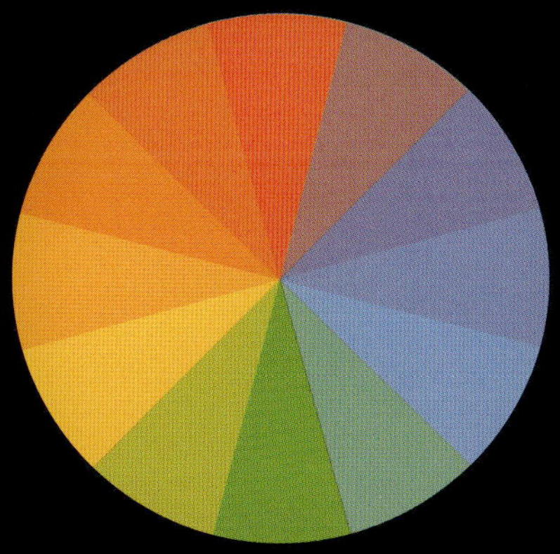

世界で一番美しい色彩図鑑

THE SECRET LANGUAGE OF COLOR

ジョアン・エクスタット／アリエル・エクスタット◎著　赤尾秀子◎訳

SCIENCE, NATURE, HISTORY, CULTURE, BEAUTY OF

RED, ORANGE, YELLOW, GREEN, BLUE & VIOLET

THE SECRET LANGUAGE OF COLOR
by Joann Eckstut & Arielle Eckstut

オリーヴに捧げる

（色ではなく、わたしたちのカラフルな娘に）

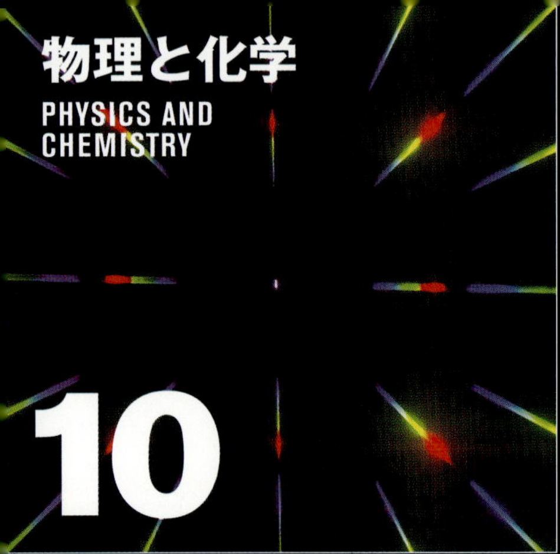

色は人間にとってなくてはならないものだ……火や水のような、原材料、生きていくのに必要不可欠なもの。

フェルナン・レジェ

自分は“色彩”の専門家である、という人がいたら、その人は嘘つきだ。真の専門家は、物理や化学、天文学、光学、神経科学、地質学、植物学、動物学、ヒト生物学、言語学、社会学、人類学、美術史、地図学……に精通している。じつは、わたしたち自身、本書を執筆するまでは、色彩の専門家だと自負していた。ところが、本書を執筆することで、色というものの深さと広がりに気づかされた。

いま、わたしたちは自分を“色の旅人”だと考えている。熱帯雨林に砂漠、大都会に田園の村々、大海原、遺跡、博物館といった色彩の世界を旅し、それをここに再現してみた。そして旅の道すがら、目にとまったものを拾い集めた。

この旅で得たいちばん大きなものは、色はどうしてわたしたちの暮らしのいたるところにあるのか、という疑問に対するひとつの解答だろう。大脳新皮質（言語機能や分析的思考をつかさどる脳の部位）の活動は、その８割が目を経由して行なわれる。外界から得る膨大な量の情報は、大半が視覚的なものだ。そして、わたしたちが目で見るものにはすべて、色がついている。

視覚処理とは、どういうものだろう？　わたしたちは太陽の光がふりそそぐ惑星で暮らしている。この陽光があるために、長い歳月をかけて少しずつ“色”を見る力を発達させた。何百万年ものあいだ、色は地球で生きるものの案内図の役割を果たしてきた。世界が色分けされているからこそ、生物はどれを食べたらよいか、何を警戒すべきか、どのように行動すべきか、そして心動かされるものを、識別できるのだ。色はわたしたちの行動の、ほぼすべてに影響しているといっていい。

あなたが怒りで顔を真っ赤にしていようと、白昼夢を見ようと、あるいはバラ色の人生を送りたいと願っていようと、本書をめくることで、わたしたちをとりまく自然のすばらしい色彩の世界を垣間見て、楽しんでいただければと願っている。

最後に、本書の構成について——。色彩の世界を語るとき、どうしてもふたつの観点が必要になってくる。ひとつは具体的な可視光で、もうひとつは色をともなって示されるもの——物理や化学の現象、宇宙や地球、植物、動物、人間にまつわるものだ。そこで本書は、このふたつの観点を章ごとに交互にとりあつかうことにした。

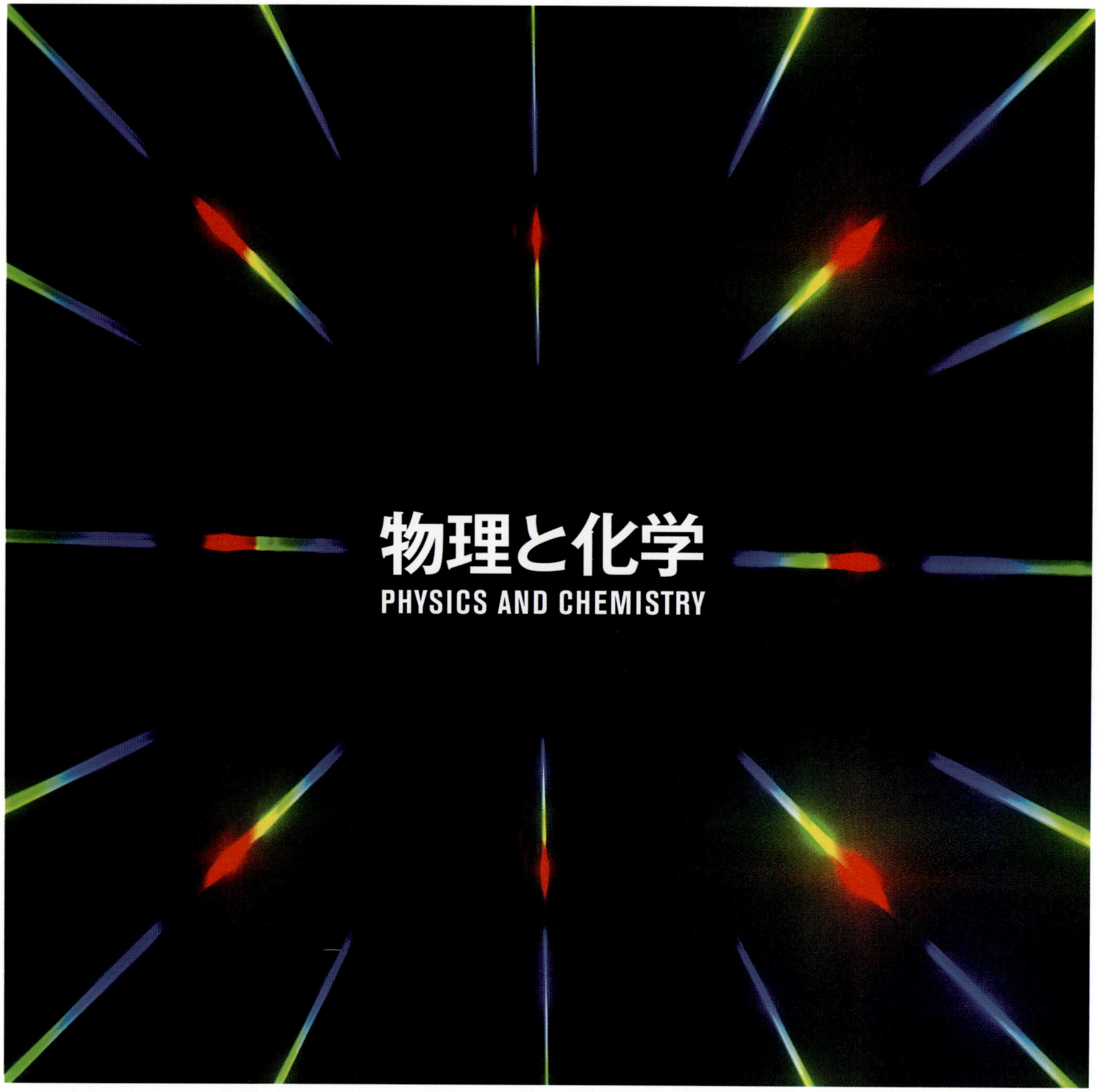

物理と化学
PHYSICS AND CHEMISTRY

プラトン、ニュートン、ダ・ヴィンチ、ゲーテ、アインシュタインなど、歴史に名を残した人にかぎらず、深遠なる色の世界の解明にとりくんだ人は数多い。謎に包まれた色の働きを体系化することで、色とは何かを理解しようとした人たちだ。

なかには、一見すばらしい成果もあるにはあるが、現代科学から見れば、その多くは奇異で、空想の産物としか思えない。紀元前５世紀、プラトンは色覚と涙の関係を説き、18～19世紀の哲学者ヨハン・ヴォルフガング・フォン・ゲーテは、色合いを３つのグループ――壮大／快活、温和／柔軟、燦然――に分けようとした。長い歳月のなかで、さまざまな人びとが理解しようと試みながら、いまだに色は謎に満ちたままだ。

色はどこにでもある。しかしたいていの人は、色の源について考えようとはしない。空はなぜ青いのか、草はなぜ緑で、バラはどうして赤いのか――。答えられる人は、そうそうはいないだろう。空の色も草の色も、そんなものだと思いこんでいるからだ。しかし、空は青くはないし、草は緑ではなく、バラも赤くはない。人は何百年もの歳月をかけて、ようやくそのことに気づいた。

非常に暗い部屋で、窓の板の、幅3分の1インチほどの丸い穴に、わたしはガラスのプリズムを置き、穴から射しこんだ太陽の光線がプリズムによって上方に屈折し、部屋の反対側の壁に向かって、そこに太陽の色の像をつくるようにした。

——アイザック・ニュートン著『光学』

ニュートンは、プリズムを通過した光がその先で虹をつくるのを見た。とはいえ、この現象を目にした人間は、過去何千年ものあいだに数多くいたことだろう。ただニュートンは、それまでだれひとり気づかないことに気づいた。わたしたちをとりまく“白い光”は、さまざまに異なる虹の色をすべて含んでいるから白いのではないか？　白はひとつの独立した色ではなく、あらゆる色が同時に反射された結果の色である——。これはわたしたちの直観とは相容れない革命的な考えで、なかなか受け入れられなかった。歴史に名を残す偉大な人びとでさえ、白はすべての色を含むという考えを受けつけず、後の時代のゲーテなどは激しく拒否して、ニュートンへの反論を込め、20年もの歳月をかけて『色彩論』を著した。

ニュートンのプリズム

ニュートンは、たとえ同時代の研究者に拒否されようと臆することなく、自説をさらに発展させた。プリズムを通って屈折した色は、ほかの色に変化することがないのを発見したのだ。彼の実験はこうである。まず、窓の戸の穴から入ってくる光と、小さな穴をあけた板の間にプリズムを置く。板の穴は、プリズムで屈折した色のひとつし分しか通さないほど小さなものだ。そしてその穴の先に、さまざまな物（ふたつめのプリズムも含む）を置き、屈折した色をほかの色に変えてみようとした。この実験の前に、彼にはひとつの仮説があった。たとえば、プリズムを通過した赤い光の先に青いガラス片を置けば、赤色は別の光に変わるのではないか——。しかし、実験の結果は違った。素材や色の異なるものをあれこれ置いてみたところで、屈折した光の色はもとの色からまったく変化しなかったのだ。この実験からニュートンは、分割することができない基本的な色、すなわち“スペクトル”カラーが一定数あると結論づけた。

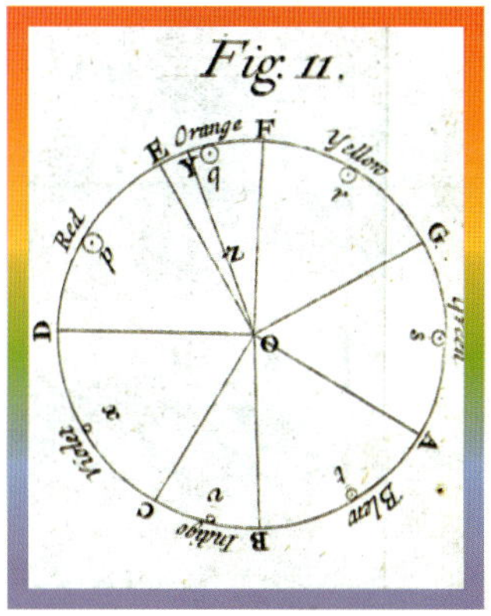

ニュートンが描いた色の輪。赤、オレンジ、黄、緑、青、インディゴ、バイオレットの７色

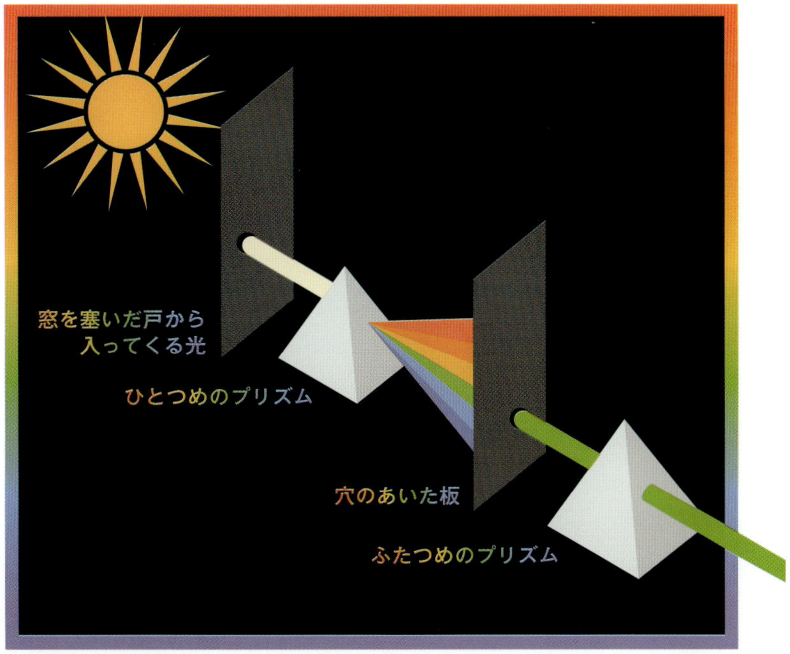

ニュートンの実験

スペクトルカラーが変化しないことを確認したニュートンは、今度はそれに名前をつけることにした。しかも、科学的というよりは美学的とでもいおうか、「虹と音階は対応する」と考えた。西洋音楽の音階にはド・レ・ミ・ファ・ソ・ラ・シと７つの音があるので、ニュートンはそれに対応して、虹の色を７つ——赤、オレンジ、黄、緑、青、インディゴ（藍）、バイオレット（スミレ色）——に分けたのだ。後年、虹と音階の関係は疑問視され論じられなくなったものの、この７色のほうは定着し、現在でも一般にそう教えられる。ただしインディゴは、見分けがつきにくい。

実際のところ、虹の色を明確に区別する方法はないといってよいだろう。雨上がりの空にかかる虹を見てみれば、子どもが描く虹の絵と違い、隣り合う色に明確な境界線などないのはすぐわかる。ひとつの色がどこで終わり、つぎの色がどこから始まるかは、見る人の感覚次第だ。ニュートン自身、考えが揺らいだようで、実験を始めた当初のスペクトルカラーは11色だった。その後７色まで減らしたものの、オレンジとインディゴはあまり重要ではないと考え、それも音階になぞらえて“半音”と表現している。

また、虹色の呼び名には別の問題もある。時代や地域、文化によって、色の名前はさまざまに異なり、けっして共通とはいえないからだ。たとえば、ニュートンが“インディゴ”と呼んだ色を“くすんだ青”と表現する人もいれば､緑とバイオレットの途中にある“真正の青”だと思う人もいる。そしてニュートンの“青（ブルー）”は、いまでいう“シアン”、青緑色に近い鮮やかな色だ。

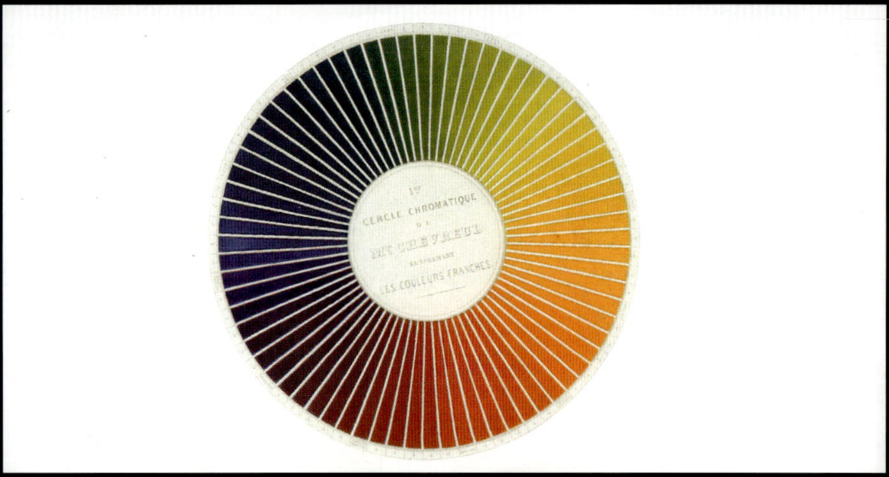

（上）フランスの化学者ミシェル・ウジェーヌ・シュヴルール（1786～1889）は、72色の色相環を描いた。しかし、彼の名を世に知らしめたのは「色彩の同時対比の法則」で、色は互いに影響しあい変化して見えることを示した。（下）スイスの造形作家でバウハウス（ドイツの美術・建築学校）のメンバーでもあったヨハネス・イッテン（1888～1967）もシュヴルール同様、色彩の同時対比に魅せられ、フィリップ・オットー・ルンゲなど先達の作品をもとに、このカラースターをつくった。（右）フィリップ・オットー・ルンゲ（1777～1819）は、ゲーテとも交流があったドイツの画家で、三次元の色相環——色相球を描いた。ルンゲは理論よりも感性を好むロマン主義の画家だったが、球の軸の上端・下端に白・黒を、原色として青、赤、黄色を置いている。

（上）アルバート・ヘンリー・マンセル（1858 ～ 1918）はアメリカの画家で、美術を学ぶ者にはなじみ深い“色の三属性”——色相、明度、彩度で色を表わす体系を考案した。これはマンセル・カラー・システム（マンセル表示系）と呼ばれ、独特な三次元表示になる。ただ現在、表色系の代表格といえば、国際照明委員会（CIE）が1931年に定めたCIE表色系だろう（下）。脳による色の知覚をはじめて考慮した、人間の光受容感度に基づく数理モデルである。

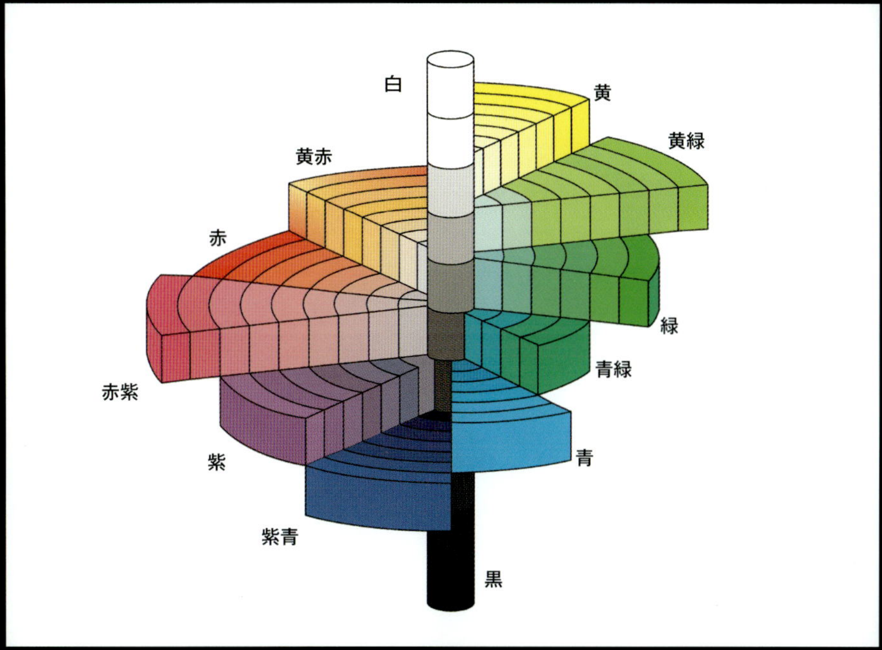

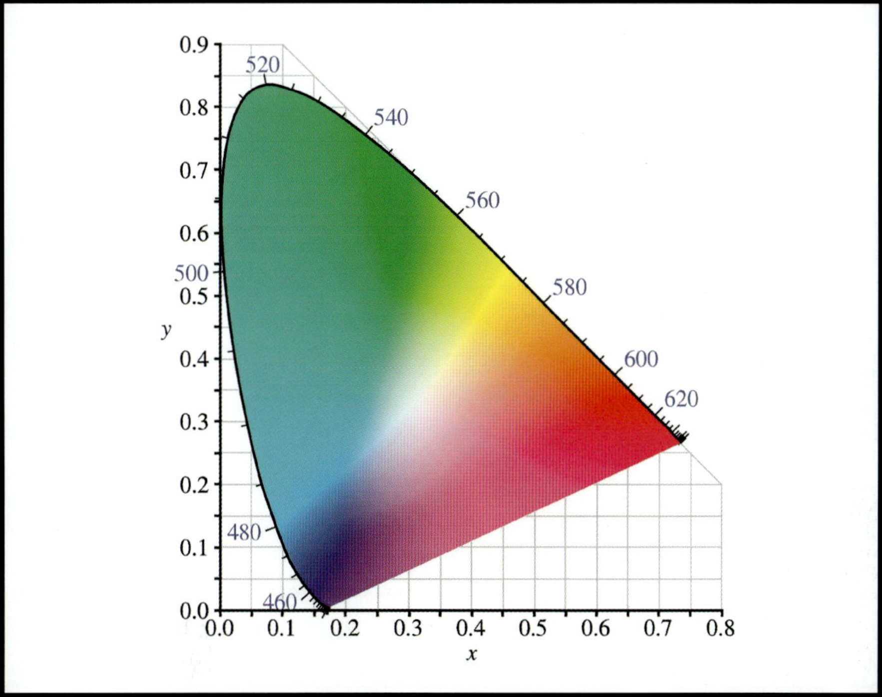

それにしても、虹のいちばん外側の色は、なぜパープル（紫）ではなくバイオレット（スミレ色）なのだろう？　ここでいうバイオレットは、青みがかった紫に見える。しかし紫は、スペクトルカラーではなく、光の混合によってできるのだ。

ニュートン以前およびニュートン以後の表色系は、基本色を体系化したものだ。基本色とは、これ以上分割・還元できない言語的、科学的モデルをいう。たとえば、ネイビーを分類すれば“濃い青色”に含まれ、さらに一般化すると“青”になる。しかし、これ以上はもう分類できない。歴史を通じて、基本色に対する考えは大きく変わった。黒と白だけのモデル（色を明暗で分類する）から、何十色も使ったものへ、さらに赤・黄・青・緑の組み合わせからなるもの（オレンジとバイオレットが含まれる場合も）と変わってきた。

現在では一般に、赤・オレンジ・黄・緑・青・バイオレットが基本色と考えられている。そしてこれら基本色は、色相とみなされる。色の明度（明るいか暗いか）や彩度（鮮やかさ）は変化するが、色相は、色を識別する基本要素である。

色の数はさておき、ニュートンのスペクトルカラーを、わたしたちが学校で学ぶ色の三原色（赤、青、黄）や二次色（オレンジ、緑、紫）と混同してはいけない。二次色は原色が混ぜ合わされた色であり——赤と黄でオレンジ、赤と青で紫、青と黄色で緑——基本色とはいえない。しかし、ニュートンのスペクトルカラーに見られるオレンジ、緑、バイオレットは、わたしたちがいう原色と同じく基本的な色である。たとえばオレンジは光の混合によっても生まれるが、一方で純粋なオレンジ光もある。わたしたちが原色とする赤、青、黄もこれと同じだ。プリズムを通ったスペクトルカラーの混合によってできたオレンジ色もひとつの色だが、ふたたびプリズムを通過すれば要素に分解されるだろう。しかし、純粋なオレンジ光は分解されない。

ニュートンはさらに大きな発見をした。赤色の光をプリズムに通すとほんのわずかに曲がり、バイオレットはとても大きく曲がるのだ。この不思議な現象からニュートンは、色はそれぞれ独自の要素からできあがっていると考えた。赤を赤たらしめているのは、バイオレットをバイオレットたらしめているものとは異なるということだ。この考え方自体は正しいのだが、ニュートンはひとつ、誤った仮説をたてた。当時、空間は“エーテル”に満たされていると考えられており、ニュートンは、光は“エーテル様の媒質”を直進する粒子で構成されている、と結論づけたのだ。しかしこの粒子説は広く受けいれられた。

さてここで、一気に19世紀まで話を進めよう。イギリスの科学者トマス・ヤングが、ニュートンの粒子説に異論を唱えた。ヤングはみずからの実験に基づき、光は粒子ではなく、音と同じように“波動”からなると考えたのだ（波動説）。それから半世紀後、理論物理学者のジェイムズ・クラーク・マクスウェルはヤングの説をとり、もっと大きな発見をした。

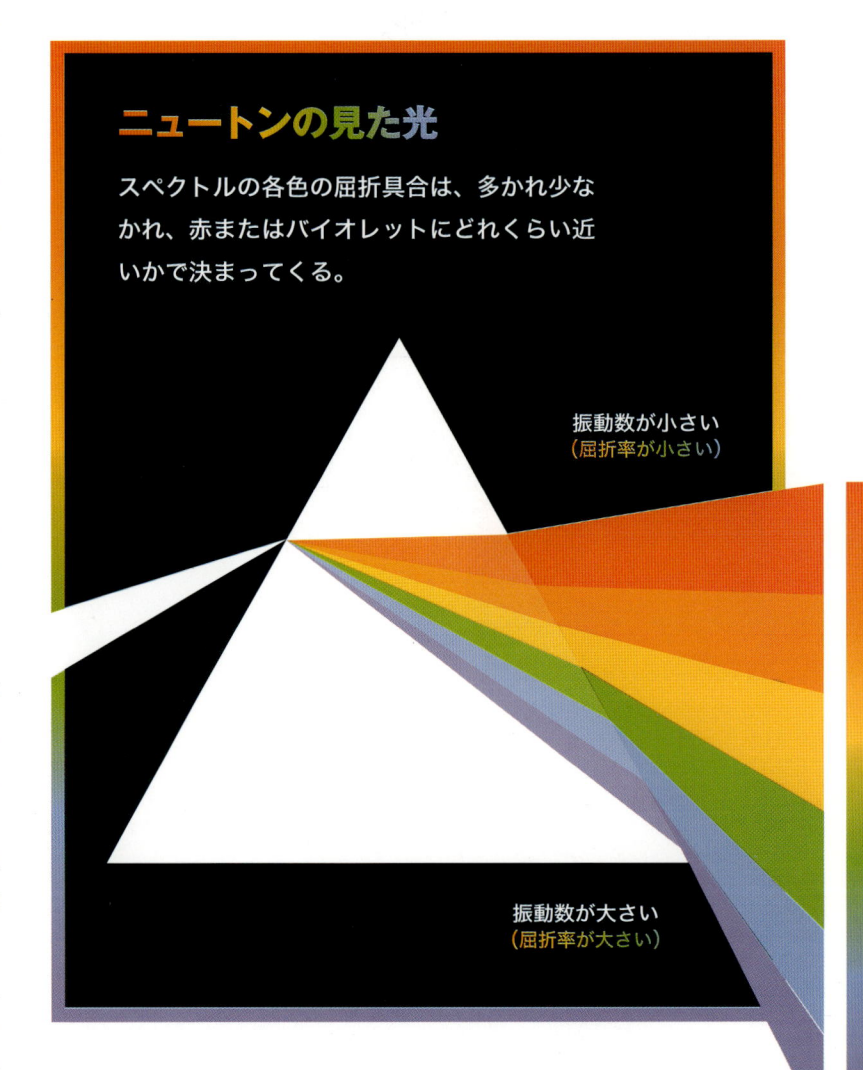

ニュートンの見た光

スペクトルの各色の屈折具合は、多かれ少なかれ、赤またはバイオレットにどれくらい近いかで決まってくる。

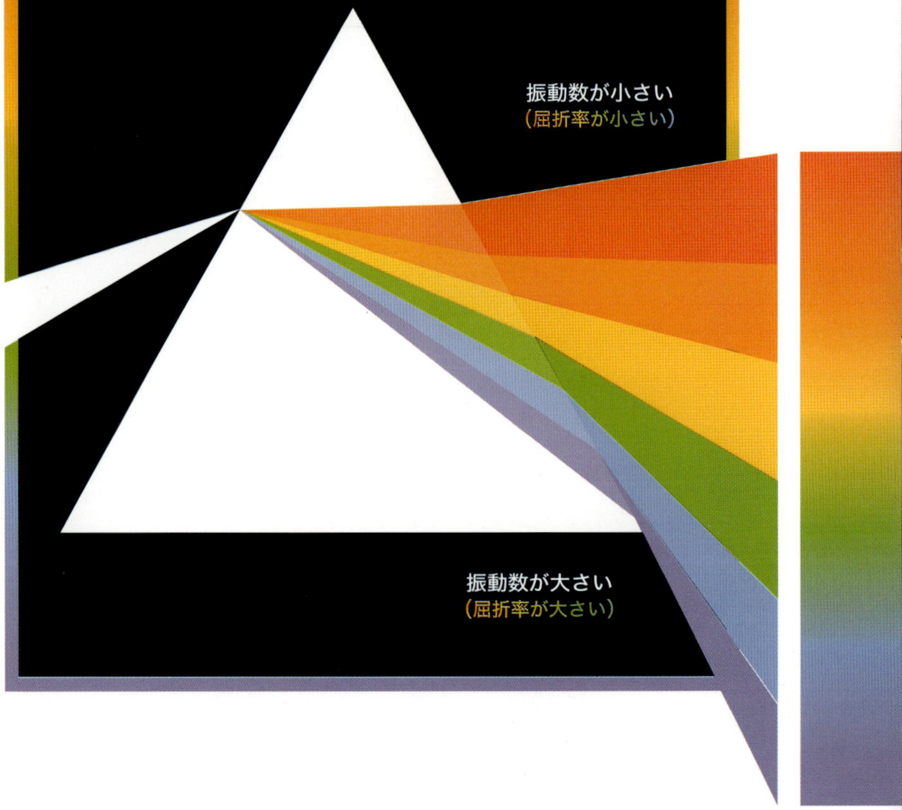

ジェイムズ・クラーク・マクスウェルと電磁気学

マクスウェルの時代より前、電気と磁気はまったく異なる力だと考えられていた。マクスウェルはしかし、このふたつは互いに関連があるとし、“電磁気”と名づけた。そして電気を帯びた粒子は引かれあったり反発しあったりすること、それが空間で波のような動きをすることを明らかにした。

とりわけ興味深いのは、電磁波の一部が可視光（すなわち色の源）であること、いまでいう紫外線や電波、X線、マイクロ波などが存在することを予知した点だろう。これらはすべて電磁スペクトルであり、波長や周波数を測定して識別できる。

波長と周波数は反比例し、種々の色はそれぞれの波長と周波数をもち、これはマイクロ波や電波も同じである。ただし、可視光とその他の波を明確に区別する本質的要素はなく、それを“色”として感知するのは、わたしたちの目——厳密にいえばわたしたちの脳——でしかない。

波長だの周波数だのといってもいまひとつわかりにくいので、縄跳びの縄を例に考えてみよう。あなたはいま縄の端を持ち、もう一人が少し離れた場所で反対側の端を持っているとする。あなたが手

波長が合うか合わないか

電磁波（電磁場の変化によってつくられる波）は、真空中を約30万キロ／秒の速度——すなわち光速で進む。この絵のように、可視光部分は電磁スペクトルのごく一部でしかない。

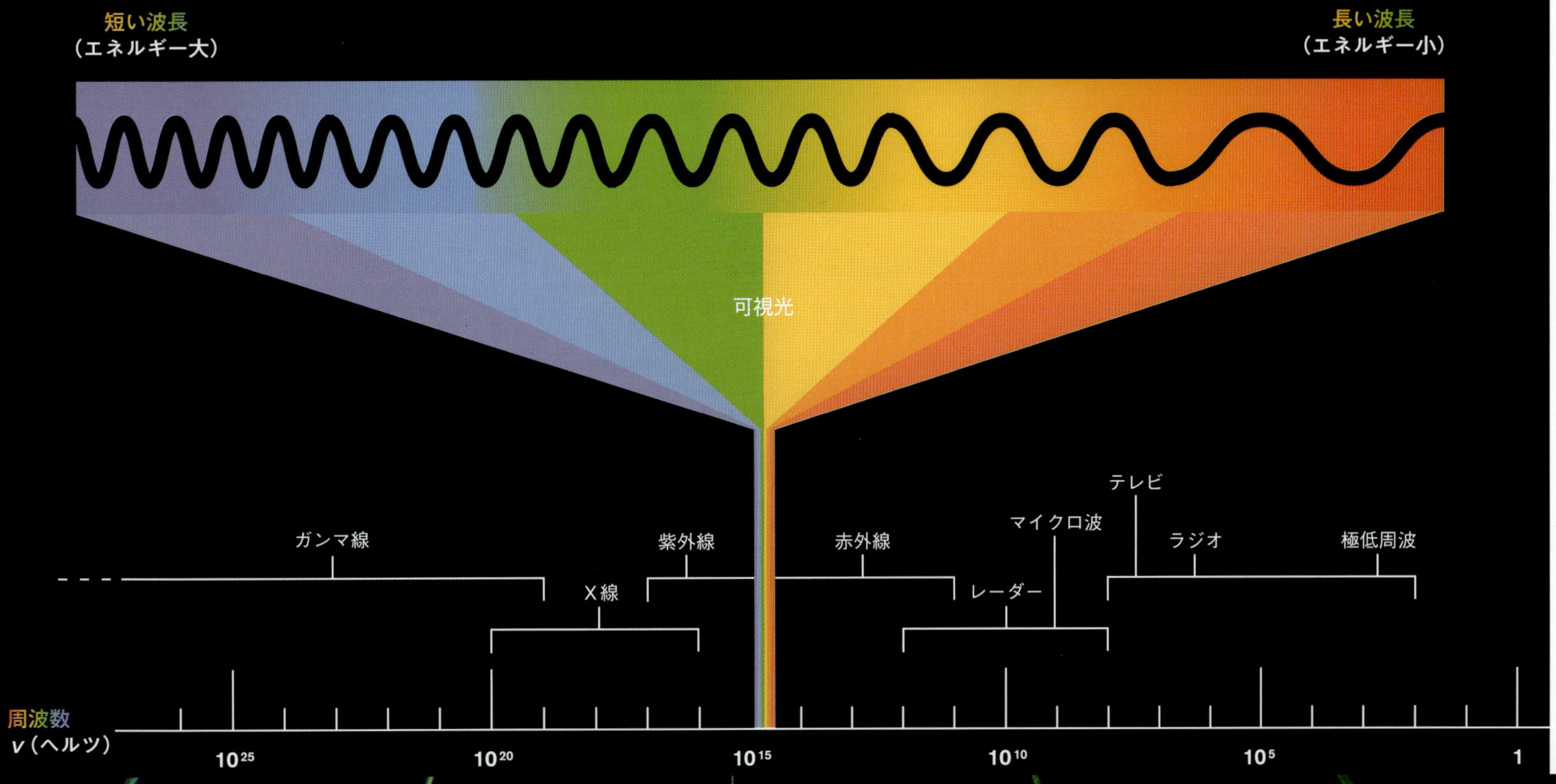

をゆっくりと上げ、そして下げると、縄は大きな弧（すなわち波）をひとつ描くだろう。それからもう少し速く上げ下げすると、最初の大きな波と同じ部分に小さな波がいくつかできる。手の動きをもっと速めたら、波の数はもっと増え、個々の波の幅は小さくなる。この波の頂上から頂上までの距離を“波長”という。そして一秒あたりの波の数が“周波数”になる。波長が短くなればそれだけ、周波数は大きくなる、というわけだ。

可視光線のうち、バイオレットは波長がもっとも短く380～450ナノメートル（1ナノメートル＝10億分の1メートル）、周波数はもっとも高く789～668テラヘルツだ。電磁スペクトルでいえば、紫外線やX線に近い。一方、赤は可視光でもっとも波長が長く（620～740ナノメートル）、周波数はもっとも低くて（480～400テラヘルツ）、赤外線やマイクロ波に近い。

電磁波というパズルで、そのピースのひとつが可視光であることをマクスウェルが示すと、ほかのピースも見つかりはじめた。が、なかにはパズルからはずされるピースもあった。ドイツの物理学者マックス・プランクは、光は単なる波であるというマクスウェルの理論に満足せず、光にはべつの側面もあることを実験からつかんだものの、それを具体的なかたちで示すことはできなかった。しかし、アルバート・アインシュタインの登場によって、光は単なる波ではなく、粒子でもあるという説が誕生した。

光には波の性質もあれば粒子の性質もある（粒子と波動の二重性）は、感覚的には受けいれにくい。しかし科学者たちには、それがもっとも納得のいく説明に思えた。こうして、粒子と波動の二重性から量子力学の道は開け、直接的あるいは間接的に、宇宙の起源と仕組みの研究に大きく貢献した。

原色とは何か

色の物理的特性だけでなく、色の知覚に関する研究も始まった。わたしたちはなぜ、どのようにして色を見るのか？　この疑問に対する答えをつきつめていくと、わたしたちが色について学んだあらゆることが否定されてしまうだろう。まず、ニュートンがプリズムで実験した“白”を考えてみよう。ニュートンは、虹の色は混じりあって白になると考えた。しかし、絵の具の赤、橙、黄、緑、青、藍、紫を混ぜたところで、けっして白にはなりえない。ゲーテがニュートンの説を拒否した理由もここにある。

ただし、ニュートンは絵の具の話などしていない。対象は光であり、光は絵の具とまったく違うかたちで混ぜ合わされる。この光の混合は“加法混合”と呼ばれ、波長の異なる光を混合しても、絵の具を混ぜたときの混濁した色にはならない。実際、虹の色はどれも、光の三原色の混合によって生まれている。光の三原色とは、赤、緑、青である。えっ、緑？

そう、光の三原色は、小学校で教わる色の三原色――赤、青、黄とは違うのだ。では、緑はどこから来るのだろう？　そして黄色はどこへ行くのか？　光の三原色は、絵を描く少年少女には理解できないにちがいない。絵の具のどの色を混ぜようと、黄色をつくることはできないからだ。ところが、わたしたちの目に赤く見える光と緑に見える光を混ぜ合わせると、間違いなく黄色になる。

加法混合では、赤＋緑＝イエロー、赤＋青＝マゼンタ、青＋緑＝シアンとなる

驚くなかれ、コンピュータやテレビの画像、映像はすべて赤、緑、青の点からできている。

自分では気づかぬうちに、この現象を見ている人はたくさんいるだろう。よい例が、ＲＧＢモデルを使ったコンピュータ画面だ（Ｒ：赤、Ｇ：緑、Ｂ：青）。画面にはさまざまな色が映っているが、画素数の少ない古いコンピュータ・スクリーンでは、赤・緑・青のドットが見えるのではないだろうか。最新のコンピューターでもこの点は同じで、非常に見えにくくなっているにすぎない。拡大鏡を使えば、ピンクの文字やカボチャ畑、茶色のウサギが、赤・緑・青のドットからできているのがわかるかもしれない。白い画面ではこの３色が最大輝度で集まり、黒い画面は最小の状態だ。

ＲＧＢモデルは、テレビやカメラのほかに舞台照明でも使われている。また、既述したジェイムズ・クラーク・マクスウェルが1861年に撮影した史上初のカラー写真も、カメラレンズの前に赤・緑・青のフィルターを順次置いて撮影し、３枚のスライドを重ね合わせて投影することで実現した。これは加法混合で、色を混ぜ合わせることにより虹のあらゆる色をつくりだすことができる。

ジェイムズ・クラーク・マクスウェルが撮影した史上初のカラー写真（1861年）

では、どうして赤・緑・青なのだろう？　この３色にはどんな意味があるのか？　19世紀の初め、光の波動説を主張したイギリスの物理学者トマス・ヤングは、その疑問を解決すべく、視覚の研究にとりくんだ。

色は色とりどり

光の波長は、目が色として感じてはじめて存在する――。これが一般にいわれている大原則だろう。脳と目がなければ、色を感じることはない。もともと光は無色で、目が光を感じ、脳がその波長の違いを色として認識してはじめて、空は青く、草は緑、となるのだ。そして人間とほかの動物では、色の見え方が違う。また、人間でも人によっては認識しにくい色がある。光そのものに色はついていないからだ。

ただ、色は脳で見るもの、という考えは、感覚的には受けいれにくい。科学者たちが脳と色の関係に気づいたのも比較的最近になってからだ。紀元前４世紀のアリストテレスは色に関してすばらしい理論を残しているが、それでも色は物体の表面にもともと備わっているものとして疑わなかったし、ニュートンも脳の機能については言及していない。

わたしたちをとりまく色はすべて、わたしたちの脳がつくりあげている。何かを見ると、光が目の瞳孔を、つぎに水晶体を通過して、網膜に像が投影され、光受容器が光のさまざまな波長を感じる。この光受容器が、“色とりどりの色”を見るポイントだ。

網膜には、錐体という視細胞が３種類あり（Ｓ錐体、Ｍ錐体、Ｌ錐体）、光が目を刺激すると、錐体がそれを感じとる。色は音と同じく、ただの物理現象でしかないのだ。耳に届いた音は鼓膜を振動させ、それが信号となって脳に伝わると“音”として認識される。色も音も、脳が非常に複雑な処理をして、信号が情報に変換されてはじめて“色”になり、“音”になる。

右ページの図はその流れの概略を示したものである。網膜が光を感じると、２種類の神経信号がつくられる。ひとつは桿体（暗いところで弱い光を感じる）、もうひとつは錐体（明るいところで色を識別する）によってつくられ、これらの信号が視神経を経由して視

百聞は一見にしかず

光が網膜に届くと、錐体と桿体が脳にメッセージを送ることで、色や暗さが認識される。

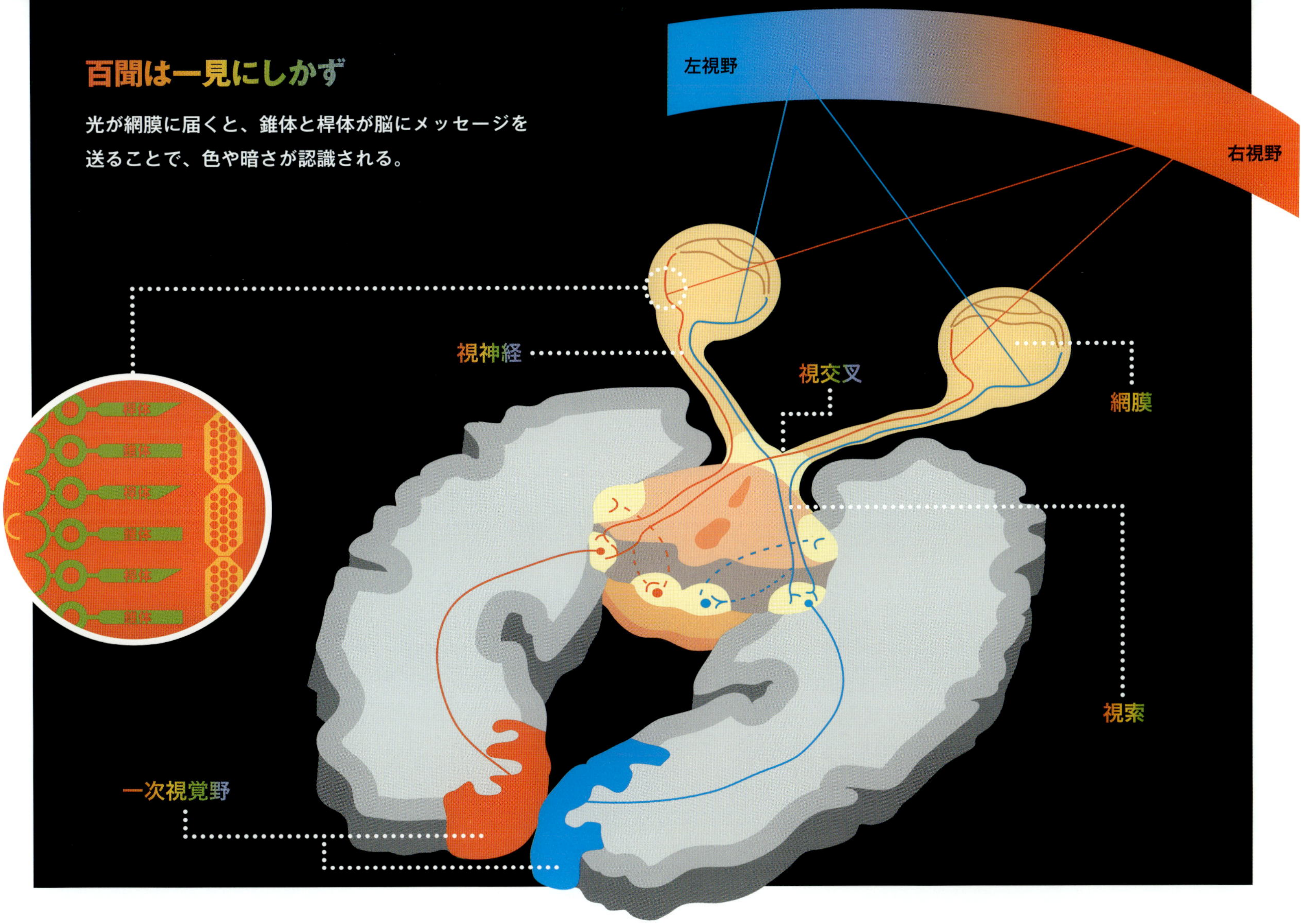

交叉に達する。そしてここから二手に別れ、両目で得た信号は半分ずつ、視索沿いに脳の反対側に伝わる。つまり、左視野（両目の視界の左側部分）の情報は右の脳へ、右視野の情報は左の脳へ送られるのだ。こうして知覚情報の大規模ターミナル駅ともいえる視床の外側部に入り、後頭葉の一次視覚野に伝わる。ここまでのルートは、じつに簡素といっていい。そしてその後、後頭葉に隣接する部分にデータが送られたところで、より複雑な認識がなされる。たとえば、おおざっぱな“赤色のかたまり”ではなく、もっと具体的に——大きな赤いソファ、えんじ色のクッション、青っぽい染み、として見分けられるのだ。

同じ強さの光でも、錐体によって色が区別される。S、M、Lと3種類あるうち、Sは波長の短いもの（青とバイオレット周辺）、Mは中間のもの（緑と黄色周辺）、Lは長いもの（赤やオレンジ、黄色の周辺）に対して感度がよい。この3つは青錐体、緑錐体、赤錐体とも呼ばれるが、加法混合モデルにおける三原色と同じ3色であるのはけっして偶然ではない。

わたしたちの脳は、3つの錐体から送られるデータをもとにして、暗い色から明るい色、鮮やかな色からくすんだ色まで、1000万色もの色を識別できるといわれる。19世紀のトマス・ヤングはその仕組みまで解明できなかったものの、彼の大きな発見により、光受容器は３種類あること、それぞれ赤、緑、青の光を感知することが解明されていく。

足し算から引き算へ

なぜソファは赤いのか？　空は青く、草は緑なのか？　光源が太陽だろうと、電球やコンピュータ画面だろうと、何かの物体に当たるまえの光の色は、加法混合で見えている。しかし、いったん物体に当たると、いま座っているソファや壁を飾っている絵、本書のページの色は、どれも減法混合の世界に変わる。

では、減法混合とは何か？　その話に入るまえに、物理から化学へ目を転じよう。

先ほど、18ページに加法混合の円を示した。ここで円が重なっているところはイエロー、シアン、マゼンタに見える。

そう、これはプリンターで使われる３色だ。この３色のカートリッジを使えば、虹のすべての色が紙に印刷できる。加法混合では二次的な色でしかないイエロー、シアン、マゼンタが、減法混合では基本色になるのだ。身のまわりにあるさまざま物体のさまざまな色は、この３色をベースにしている。

とはいえ、イエロー、シアン、マゼンタは、学校で絵の具を混ぜるときに使う黄、青、赤の三原色とたいして違わないじゃないか、という感想をもつ人は多いだろう。しかし残念なことに、学校の美術の授業で学んだことは必ずしも正確ではない。画家や美術教師は、紀元１世紀に考えられ、その後ヤコブ・クリストフ・レブロンが体系化した色彩モデルにいまだに従っているのだ。レブロンはドイツの画家・彫刻家で、赤・黄・青を用いた印刷手法を開発した。ただし、このやり方では、つくりだせない色がいくつもある。それがわかっていながらもなお、レブロンのカラー・モデルはいまも継承されているのだ。子どもたちは学校で、ありきたりの絵の具の赤・黄・青をいくら混ぜても明るく鮮やかな緑、紫、オレンジ色をつくれずにがっかりしていることだろう。教師はそろそろ考え直したほうがいいかもしれない。

このモデルは、補色（反対色ともいう）にも影響を与えている。学校では、赤・緑、青・オレンジ、黄・紫が補色だと教わるが、加法三原色と減法三原色をしっかり区別すれば、もっと正確な対応関係がわかる。すなわち、赤はシアンの、青はイエローの、緑はマゼンタの補色なのだ。

ただ、ここで悩ましいのは、減法混合は直感とは相容れないという点だ。すなわち、いま目にしている色は、そこに存在しない。

物体は一般に、特定の波長の光を吸収し（差し引く＝減法）、残りの部分を反射する。赤いソファを例にとって考えると、ソファの赤い繊維は可視光の“赤”以外の波長の光を吸収し、吸収しなかった波長が“赤”としてわたしたちの目に映る。そして一部の波長がいったん物体を離れてわたしたちの目に届くと、加法混合に戻り、加法混合の原理に従って光の波長が混ぜ合わされる。

ところがややこしいことに、わたしたちが目にしているのは、純粋な色ではない。赤い繊維は、可視光のすべての色をごく微量ながら反射していて、目ではそこまで認識できないだけなのだ。スペクトルの波長の組み合わせは膨大な数にのぼり、わたしたちは膨大な数の色を見ていることになる。

減法混合では、マゼンタ＋シアン＝ブルー、シアン＋イエロー＝グリーン、イエロー＋マゼンタ＝レッド、レッド＋グリーン＋ブルー＝ブラックとなる。ここで円が重なった部分を見ると、加法混合の三原色になっている

正反対で補い合う？

学校で教わる補色は、赤と緑、青とオレンジ、黄と紫だが、これをもっと正確にいえば、赤とシアン、青とイエロー、緑とマゼンタになる。

黒と白――非スペクトル色

黒と白はどうやってできるのか？　ニュートンが発見したように、白は加法混合ではひとつの色ではなく、すべての色光が混ぜ合わされてできあがったものだ。そして黒のほうは逆に、光がまったくない状態だ。一方、減法混合では、物体がすべての光を反射すると白になり、すべての光を吸収すると黒になる。

そしてまた、灰色という色もある。理屈からいえば、黒と白の中間、無色と全色の中間にもなんらかの色があると考えられ、光の全波長が等しく吸収、反射される場合をのぞいて、たしかにそのとおりだろう。減法混合の場合、当たった光の波長の80パーセントが物体に吸収されるとダークグレーに見え、ごく少ない割合の波長しか目に届かない。そしてこれが20パーセントになると、波長の多くが反射されて明るいグレーに見える。

では、ブラウンは？　黒やグレーと同じような無彩色系に思われがちだが、ブラウンはオレンジの領域に含まれる。わたしたちをとりまく色の大半は純色ではなく、暗いものから明るいものへ、くすんだものから鮮やかなものへと、無数のグラデーションがあるが、オレンジの場合は、明度を暗くし、彩度をくすませると、ブラウンに見える。

マゼンタは特例

可視光では、両端に赤とバイオレットがある。しかしその中間の色、たとえばマゼンタは、スペクトルのなかには見当たらない。最長波長の赤と最短波長のバイオレットを結びつける波長はないのだ。物理学的にいえば、マゼンタに固有の波長はない、すなわちマゼンタは、複数の波長の光が混合したものということだ。

わたしたちが紫と呼ぶ色は、赤と青の絵の具をうまく混ぜあわせるか、バイオレットの波長域から生まれる。しかし、波長のほうは非常に稀で、人間の目で認識するのは容易ではない。物が紫に見えるのは、その物体が緑の狭い波長域を吸収し、残りの赤と青、あるいは赤とバイオレットの波長を反射して、わたしたちの網膜に映ったときだ。そのため、合成顔料が開発されるまで、紫はあこがれの色だった。

色の化学

物質の大半は、炭素や酸素、水素など、その化学組成によって吸収・反射する波長が決まる。特定の色が特定の波長と周波数に対応し、波長と周波数はエネルギー量に対応している。物質をつくる分子中の電子はエネルギー・レベルがさまざまで、そのレベルの差が、光のさまざまな波長に対応する。いいかえると、光は物質ではなく、波のかたちで物質を通るエネルギー移動の結果なのだ。

高校の物理で学んだことを思い出してみよう。電子は太陽を中心に公転する惑星のように、原子核のまわりを回っている。あえてたとえるなら、この軌道が、それぞれ異なるエネルギーを有していると考えてほしい。そして電子がひとつの軌道からべつの軌道に移ると、そのエネルギーを吸収／放出する。青は可視光でもエネルギーが高く、赤は低い。透明な水晶など、無色の物体の場合は、このエネルギー・ギャップが電磁スペクトルの可視域（きわめて狭い）を超えたところにあり、わたしたちの目は色を認識しない。人間の網膜には、その種の電磁放射に感応する光受容器がないからだ。

わたしたちが認識する物体の色は、光源にも依存する。光を発する元が異なれば、周波数や比率も異なるのだ。太陽や炎、白熱電球（昔ながらのフィラメント付きのガラス電球）は熱放射によって光るが、この光に含まれるエネルギーの周波数や波長はきわめて幅広い。つまり、光の幅が広いため、照らされた物体はより多くの色を反射し、明るく澄んだ色に見える。

一方、蛍光灯やコンピュータ画面、LED（発光ダイオード）照明の光は、これより周波数がぐっと少ない。そこで物体が反射してわたしたちの目に届く波長は少なく、ぼんやりした色になる。オフィスの蛍光灯の下では肌の色が鈍く、外に出て陽光を浴びると明るく見えるのはそのためだ。室内で仕事をする人の多くが、これを実感しているのではないだろうか。

ただし、光源が変わっても、物そのものが吸収・反射する波長は変わらない。赤いソファはいつでも赤以外の色を吸収し、赤い光があればかならず反射する。たいていの場合、物そのものの化学組成（塗られた染料なども含む）は変わらないから、それによってどの波長を吸収するか、反射するかが決まってしまう。ここで“たいていの場合”と書いたのは、なぜか？　じつは大気が、化学組成を変えてしまうことがあるのだ。服は長い時間陽光にさらされると、色があせてしまうだろう。これは化学的変化によるもので、その結果、吸収・反射する波長も違ってくる。

メタメリズム――条件等色

光の条件が異なると、色が違って見えて困ることがある。たとえば、ある場所で買ったものを自宅に持ち帰ると、別の色に変わっていた、という経験はないだろうか？　インテリア・ショップの蛍光灯の下では自宅のソファと同じ色に見えたラグマットが、リビングルームの白熱球の下では違う色に見えたりする。

この現象は、光源だけが原因ではない。ソファとラグマットが何から何までぴったり同一の材料でつくられていたら、どちらの光源でも同じ色に見えるかもしれない。しかし材料が異なると、たとえ染料が同じでも、吸収する波長が違ってくる。

インテリア・ショップやデザイナーにはうれしいことに、精密な測定法や複雑な数学モデルが、この色の差を埋めてくれる。メタメリズムという手法で、車から衣類から印刷物まで、あらゆる産業のあらゆる製品で用いられ、おかげでダッシュボードやレザーシート、ステアリングは光の条件にかかわらず、色調が統一される。

同じ織物でも、明るさがまったく異なる。左は白熱電球、右は蛍光灯の下で見たとき

カラー・ゲーム

ニュートンやマクスウェル、ヤング、アインシュタインが説明できなかったのは、赤いソファの上にオレンジや青のクッションがたくさんあるときとないときで、ソファの赤色が違って見える理由だった。そして神経科学者が、この謎を解き明かした。現実とはいったい何かということまで考えさせられる、複雑な脳の働きが関係していたのだ。

人間の脳はつねに情報を集め、解釈している。しかし情報量は膨大なので、過労で倒れないよう、取りこんだものをカテゴリーに分けて隔離しようと試みる。この仕事をするにあたって、脳はカテゴリー間の隙間も埋めたいので、“論理的”結論を組み立てては、知覚が袋小路に入るのを避ける。ここが、脳が懸命に努力する肝心要の部分であり、これによって種々様々な大量の感覚刺激を前にしても機能停止せずにすむ。

物の化学組成と人間の視覚錐体の共同作業でなんらかの色が見えたとしても、その色は決定的、絶対的な色ではない。色はときに移ろい、電磁スペクトルの左側に近かったものが、いつのまにか右側に近い色に見えたりするのだ。そしてときに、わたしたちの目はそこに存在しない色を見ることがある。

カラフル・ハロー

下の青い線を見てほしい。これは心理学者ハンス・ウォーラックが考えたもので、青い線の間は白く見えるのではないだろうか。

では次に、青線の左右に黒い線を加えてみる。この状態でまた、青い線を見つめてほしい。

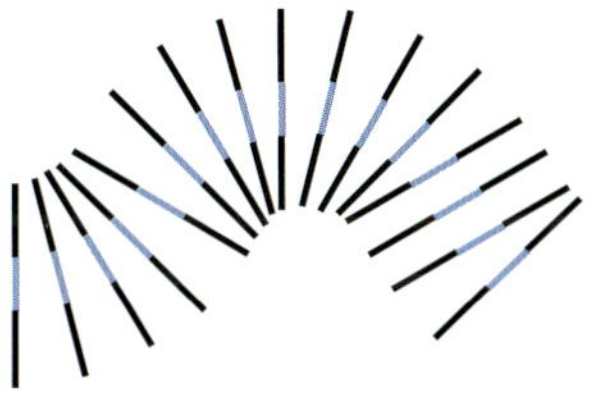

黒い線の間に、青っぽい虫のような、うねるものが見えないだろうか。しかし青色の線そのものは、最初に見た図とまったく同じだ。わたしたちの脳が、青い虫の“ハロー（光輪）”をつくりだしたにすぎない。色を見極める高性能マシンに登録されているのは、青い線とその間の白のみだ。

この図を15秒以上見つめつづけていると、ようすはもっと変わってくる。青の上側の黒と下側の黒がつながりはじめ、青い虫は黒線の上に横たわっているように見えるだろう。

ここにもうひとつ、色のハロー効果に関する面白い例がある。心理学者のクリストフ・レディーズとロタール・スピルマンが考えだしたものだ。

まず、赤い線を４本、こんなふうに描いてみる。

それからまた同じ赤い線を描き、今度はそこに黒い線を加えてみる。

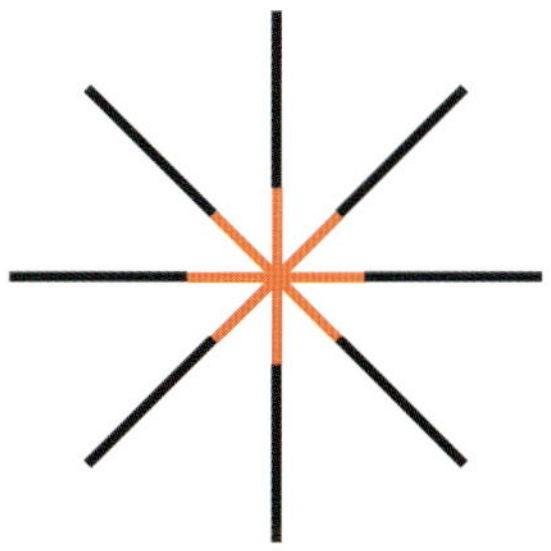

すると中央に、赤い円が現われてくるだろう。これをもっと長い時間見つづけていると、黒い線が円をまたいで、向かい側の黒い線とつながりはじめる。

同時対比

同時対比は、単に面白い視覚現象というだけではない——まさに絵画の核をなすものだ。隣り合う色に関する実験をくりかえすと、地の色はそこにのせた色から自分の色を引き、それによって影響を与える。

——ヨゼフ・アルバース

色は脳によって解釈されるものだから、隣にどんな色が並ぶかによって変化することがある。同じ赤でも、隣が青かオレンジかで違って見えるのだ。この現象は、同時対比として知られる。

では、具体的な例を見ていこう。下の黒と白の図は、物理学者・化学者のロバート・シェイプリーと心理学者ジェイムズ・ゴードンの手になるものだ。

球の上側と下側に注目してほしい。球の頭部の灰色は、底部の灰色より明るく見えるだろう。これは背景色の影響によるもので、背景の灰色は、上部が下部より暗い。同時対比は、球の上縁と下縁でもっとも顕著になる。

それではつぎに、マイケル・ホワイトが考案した図を見てほしい。右のグレーの横線は、一見したところ、左のものより明るい。しかしここでも、色を測定するマシンに従えば、どちらも同じ色なのだ。

では、白黒以外の場合、同時対比はどうなるだろう。赤、青、黄を使った大小の四角形を見てほしい。

左の赤い四角は、右より暗く濃く見えるのではないだろうか。しかし、いうまでもなく、どちらも同じ赤色だ。そこで色を緑に変えてみると——

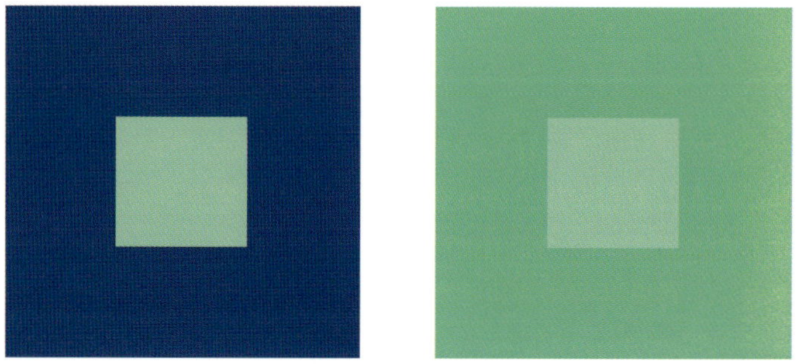

左の緑は、右よりも鮮やかに見える。しつこいようだが、左右ともに同じ緑だ。どちらの場合も、背景が鮮やかなほうが暗く見え、暗い背景のほうが明るくくっきりと見える。

この渦巻き模様をながめてほしい。ピンクとオレンジそれぞれの横にあるのは何色だろう?　答えはおそらく青と、もっと明るいターコイズブルーではないだろうか。しかし、一見異なるこの2色は、どちらも同じ色なのだ。この図を切り取って、ふたつの青を並べてみるとそれが確認できる。

スーラやモネの作品をじっくりながめると、一色に見える部分にじつに多くの色が使われていることに驚く。色の集合はカンバスに輝きの効果をもたらし、この新技法は芸術の美を追求する色彩の科学によって生まれた。

《グランド・ジャット島の日曜日の午後》　ジョルジュ・スーラ　1886年

科学の芸術と芸術の科学

1839年、フランスの化学者ミシェル・ウジェーヌ・シュヴルールが、「色彩の同時対比の法則」を論じる著書を出版した（*De la loi du contraste simultané des couleurs et de l'assortiment des objets colorés*）。

シュヴルールは一時期、パリにあるゴブラン織りの会社の染色監督だったが、その彼のもとに、黒い染料が“活力不足”だという苦情がたくさん寄せられた。ただ、市場に出回っている出来のいい染料と自社のものを比較してみても、とくに欠陥があるとは思えない。黒は黒として十分に力強く見えるのだ。彼はしかし、はたと思いつき、黒をほかの色の横に置いてみた。すると、濃い青や濃い紫と並んだとき、黒はなぜか弱々しくなった。一方、対照的な色と並べると、逆に黒が強調された。そしてこの対比の関係は、黒にかぎらず、ほかの色でもいえることがわかった。青をオレンジ色（補色）の横に置くと両方がとても目立ち、青紫（色相環で隣り合う色）の横に置くと、混じりあったかのように見えてしまう。

《ロンドンの国会議事堂、霧を貫く陽光》　クロード・モネ　1904年

ポール・セザンヌとソニア・ドローネーは色彩の同時対比を存分に利用した。セザンヌは印象主義とキュビスムの架け橋をつくり、ドローネーはさらに進んでキュビスムを脱し、その作風はオルフィスムと呼ばれた。明色と暗色、補色を利用した作品を見れば、ひとつの色が隣り合う色によっていかに大きく変化するかがよくわかる。

《曲がり道》　ポール・セザンヌ　1900～06年

《エレクトリック・プリズム》　ソニア・ドローネー　1914年

高貴な人は色白？

合成顔料が登場するまで、新しい色は大きな科学的発見といってよかった。色数が増えるにつれ、周囲の世界を写し、描いて、そこにみずからの思いを込める画家の表現力は洗練されていった。世界をあるがままに写しとろうと、誇張して描こうと、色が増えればそれだけ自由度も増す。悪魔の顔は赤いほうがより邪悪に見えるだろうし、われらが女王の顔を陶器のごとく純白にすれば、高貴さを強調できる。

エリザベス1世（1533～1603年）。1600年ごろに描かれたもの

モダニズムの芸術家にして教師でもあったヨゼフ・アルバースは、色彩の同時対比を単なる技法としてだけでなく、自身の主要テーマとした

シュヴルールはまた、コントラストの強い２色では、接触する部分がもっとも目立つことにも気づいた。

いうまでもなく、ルネサンス期の画家たちはすでにその効果を知っていて、キアロスクーロ（明暗法）として実践していた。明暗のコントラストを利用することで、光の効果や動き、立体感を表現したのだ。とはいえ、それを研究し、「同時対比の法則」と名づけた最初の化学者は、シュヴルールである。

現在では、画材店に行きさえすればさまざまな色相、明度、彩度の絵の具が手に入るだろう。しかし、色数が豊かになったのは、シュヴルールが同時対比の著作を世に出してから10年ほどたった19世紀半ば以降である。人類の長い歴史から見れば、色彩の科学と芸術が分離したのはつい最近のことで、それ以前の芸術家は化学者でもあった。彼らは使用する顔料とその化学的性質を熟知し、顔料を絵の具にすることは、芸術を生み出す工程には必須だった。

印象派の画家が登場するころ、当時の化学では約2000の色をつくることができた。ニュートンやシュヴルールによってもたらされ

た科学的知識を背景に、色は描写と象徴（聖母マリアの青い衣など）に使われる道具から、描き手のさまざまな思いを表現するための道具となった。色彩の背後にある革新的な科学は印象派の手法には不可欠であり、使える色の範囲と科学が歩調を合わせたことで、それまでにはなかった、新たな芸術的表現が誕生した。

ジョルジュ・スーラをはじめとする科学の心得がある画家たちは、こう考えた――ニュートンのいうように、スペクトルの全色を混ぜ合わせると光の色になるなら、絵筆で小さな色の点を描いていけばより自然に近いものになるのではないか。スーラたちはシュヴルールの理論も応用し、一筆一筆、丹念に色をのせていくことで光の輝きやうつろい、奥行きを表現しようとした。スーラの描いた樹木は一見緑色だが、カンバスに顔を寄せて見れば、緑のほかにオレンジや黄色、青も使われているのがわかる。こうすることで、より深みと奥行きが生まれ、ふしぎなリアリティがかもしだされるのだ。

しかし、19世紀末の学者や美術愛好家たちは、色彩が以前よりも大きな位置を占めることを批判した。それでも20世紀に入ると、ロシア構成主義や新写実主義、野獣派（フォーヴィスム）、抽象表現主義者たちは、色彩を舞台の主役に据えた。彼らはときに意図的に、ときに無意識に、ニュートンとシュヴルールの理論を芸術の基柱としつづけた。

現在、大量の絵の具が手軽に買えることから、科学と色彩の関係はほとんど、あるいはまったく顧みられなくなった。小学校から大学まで、色彩の科学がカリキュラムに入っているところはそう多くないだろう。子どもたちは理屈や名称を知らないまま減法混合で教えられ、科学によってより厳密な定義がとっくになされているというのに、三原色といえばいまだに赤、黄、青だ。

色彩の科学はけっして、机上だけの学問ではない。色彩のレンズを通して見れば、宇宙を探検することだってできるのだ。では、わたしたちもこれから、その探検をしてみよう。

抽象表現主義の画家マーク・ロスコは具象を避け、カラーフィールドに同時対比を用いることで純粋な精神性を表現しようとした

レッド
RED

華やかで情熱的な色の“赤”は、革命の炎を燃え上がらせる。悪魔崇拝やコミュニスト、アメリカの保守的な人びとは、赤こそ自分たちの色だと主張した。と同時に、赤は愛情や憎悪の色としても使われ、ときには罪悪を暗示したり、肥沃、勇気、過ち、幸運など、その土地の文化によってさまざまなものを象徴する。英語では、激怒したときも、道路の信号が赤になったのに気づいたときも、同じように“赤を見る”という。“赤い灯火”が歓楽街を指すこともあれば、人の気をそらすものを“赤いニシン”といったり、不義の罪を犯した者は生涯、服の胸に赤い布をつけなくてはいけなかった。

いまでは想像もつかないが、濃紺と水色を区別しない時代があった。それどころか、青と緑、青と赤すら区別しなかった。言語をさかのぼってはるか太古へ、書き言葉がない時代へ行ってみると、この世は色彩に乏しい世界だったらしい。少なくとも、言葉の世界ではそうだった。とはいえ、あらゆる大陸の多種多様な文化が、黒と白以外に区別する必要があると感じた色がひとつだけある。それはなくてはならない根本の色、血の色の赤だった。ヘブライ語からニューギニアの島々の部族語にいたるまで、赤い色に対する呼び名が、血を意味する言葉に由来するのはけっして偶然ではない。

鉄の鎧

血液はたんぱく質と鉄、酸素からできていて、赤い色はこの鉄と酸素に由来する。赤血球のなかの、鉄を含むヘモグロビンというたんぱく質が酸素を全身へゆきわたらせてくれる。息を吸いこむと、酸素がヘモグロビンの鉄と結合し、ヘモグロビンは鮮赤色になる。血液の約４～５割が赤血球で、もともと赤い色をしているが、酸素と結合すると鮮やかさが増す。血液は心臓の右心室から動脈を通って肺へ行き、そこで酸素をたっぷりもらってから（動脈血）、心臓の左心房へもどる。そして心臓の左心室から出た血液が全身の細胞に酸素を渡し、二酸化炭素を受けとって心臓の右心房へと帰るが、この二酸化炭素を多く含んだ血液（静脈血）のほうは、暗い赤色をしている。たとえば、事故の現場にかけつける救命士は、血液の赤色が鮮やかな場合、動脈が傷ついたとわかるという。

鉄が酸化すると酸化鉄になるが、火星の地表には酸化鉄が大量にあるため、火星は“赤い惑星”として知られる。錆は金属が酸素や水分と反応してでき、鉄の場合は一般に赤橙（赤錆）色だ。黄土や

火星が赤く見えるのは、大量の酸化鉄があるため

シエナ土など、酸化鉄を含む土は古代から顔料に使われた。黄土はカラシ色の顔料に（実際は赤に近いことが多い）、シエナ土はバーントシエナ（赤褐色）になる。紀元前１万7000年のラスコー洞窟の壁画にも使われ、以来、すべての画家が用いたといっても過言ではないだろう。17世紀のレンブラントは黄土とシエナの色を基調とし、19世紀のゴッホもそうだった。

古い耕作道具ひとつとっても、錆は農場にいくらでもある。そこで赤錆は納屋の塗装に活かされ、赤い納屋はニューイングランドの風景を象徴する存在となった。18世紀のアメリカでも、農家は錆を耐久性のある手軽な材木用の防かび材として活用した。そして血液も、赤い色を描くのに使われた。錆または血液を、農家にごくふつうにあ

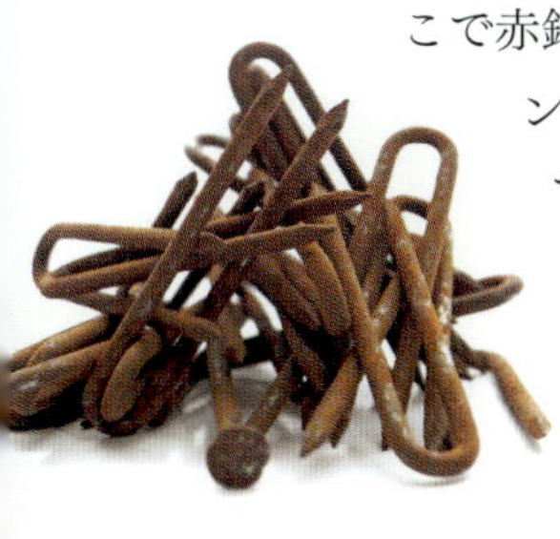

右の血液のほうが、下のものより酸素を多く含んでいる。どうしてそれがわかるのか？　酸素を多く含むほうが、鮮やかな赤色を呈する

る牛乳や亜麻仁油などと混ぜ、即席の絵の具にしたのだ。

現在、酸化鉄は絵の具から化粧品にいたるまで、じつにさまざまな製品の顔料として使われている。もとより、母なる地球の大地はこの顔料を岩や土に用い、すばらしい景観をつくりだしてくれた。

赤色は昆虫？

2012年、ベジタリアンのウェブ・サイトは人気コーヒーショッ

ラスコー洞窟の見事な壁画にはシエナが使われている

プのスターバックスを批判した。ここのストロベリー・フラペチーノは菜食主義者には飲めないというのだ。じつはアメリカのスターバックスは、ストロベリーのピンク色を出すのに、昆虫を潰して抽出した色素を使っていた。そしてここから、騒動が始まった。「動物の倫理的扱いを求める人々の会（PETA）」のような団体は着色料を変更しろと迫り、ピンクのフラペチーノのファンだった消費者は目を丸くした。そして色彩の専門家は、腕を組んでうなった。というのも、問題の昆虫からつくる色素はいろいろな製品に含まれているのを知っていたからだ。色素の名前は、コチニールという。

コチニールはアステカ文明では非常に尊ばれ、メキシコが植民地支配を脱したあとも、金に次いで引く手あまたの輸出品となった。

このような灰色の昆虫から、高価な色素がつくられる。左はコチニールカイガラムシを集め、そこに貴重な染料を一滴、重ねてみたもの。右は養殖用のサボテンの葉に群生するコチニールカイガラムシ

レンブラントの〈ユダヤの花嫁〉。レンブラントは美しい赤いドレスをコチニールを用いて描いた。おそらくドレスそのものも、コチニールで染められていただろう

高貴な赤いローブを身にまとうイングランド王ジェイムズ１世、1621年ごろ

赤い服は裕福であることの証であり、コチニールカイガラムシという小さな昆虫が、権力者と庶民を区別したともいえる。最初にこの昆虫を養殖したのはアステカの人びとで、乾燥してパウダーにすると、変色しないすばらしい顔料となり、絵画や衣類の染めに用いられた。16世紀、アステカにやってきたスペイン人はこの鮮やかな赤色に息をのんだ。当時のヨーロッパにはここまで美しく、しかも色あせしない染料はなかったからだ。７万匹の昆虫からわずか1ポンドのコチニールしかつくれなかったものの、スペイン人はさっそく輸出を開始。きわめて高価で取り引きされたにもかかわらず、コチニールはまたたく間にヨーロッパで人気を博した。

それから200年ものあいだ、スペインは独占的にコチニールを販売しつづける。

コチニールあれこれ

わたしたちの多くは、おおもとの姿を知らないまま、コチニールが添加されたものを消費している。

ケチュア人の女性が手紡ぎの毛糸を、潰したコチニールカイガラムシで染めている。アンデス山脈の高地の村で。

手ごろな価格の合成染料が登場するまで、イギリスの軍服の赤い上着はコチニールで染められることが多かった。この肖像画はイングランドの名家の出身で、初代クライヴ男爵のロバート・クライヴ（1773年ごろ）

しかしあるとき、頭のいいフランス人の男がコチニールカイガラムシが寄生したサボテンをこっそりハイチに持ち込み、養殖を開始した。これがきっかけで、スペインの独占には終止符が打たれ、ほかの国々もコチニールを輸入するようになった。

1870年代、合成染料のアリザリンが誕生した。鮮やかな赤色で褪色せず、しかも安上がりなことから、コチニールはたちまち不用品と化す。そして入手しやすさと手ごろな価格から、貴族は赤色の衣装に興味を示さなくなった。

こうしてコチニールは庶民の日常にとりいれられ、めぐりめぐって前述のスターバックス批判も引き起こした。現在、有毒な赤い着色料はごまんとあり、一部は癌を引き起こす危険性を指摘されている。そして天然の素材を求めた結果、コチニールに回帰する例も多い。アメリカやＥＵでは赤色色素「Ｅ120」として、口紅をはじめ

カトリック教会も、赤色をひとつの象徴と考えた。13世紀の教皇ボニファティウス８世は、枢機卿たちに赤い服を着るよう指示する。赤色は教会への献身の証であり、キリストのために命をおとした殉教者のごとく、みずからの命——赤い血を捧げることさえいとわない、篤い信仰心のあらわれとみなされた

教皇の顧問団と赤い鳥——どちらが先か？
鳥の名ノーザン・カーディナルは、赤い衣をまとう枢機卿（カーディナル）にちなんでいる。（和名は猩々紅冠鳥／ショウジョウコウカンチョウ）

赤い階級

インターネットはもとより、新聞にカメラ、印刷機すらなかった中世ヨーロッパで、人びとは君主をどうやって見分けることができたのだろう？　威風堂々たるたたずまいはさておき、庶民は上着の色を見ればそうだとわかった。王や宮廷人が赤い外套を身にまとえば、ほかの者は赤色を着ることができなかったし、中世の贅沢禁止令によって、貴族階級より下の者は赤色の服を我慢するしかなかった。とはいえ、下級の民がコチニールのような高価な染料でつくられた衣類など、そもそも手に入れることはできない。

とする化粧品、ソーセージ、ジャム、ヨーグルト、ジュース、マラスキーノ・チェリー、毛糸など、さまざまな製品に使用されている。

赤いテープで封印

中世には、国王や教皇、貴族など高位にある者たちは、書簡や書類に高価な赤い蠟を押して美しい封印を施した。書簡を届ける使者やほかの者に、書状の内容をのぞき見されないための習慣だ。

そのうち蠟はテープにとって代わられたが、このテープも赤かった。その初期の例が16世紀のイングランドにある。ヘンリー８世が、アラゴンのキャサリンとの婚姻無効を教皇クレメンス7世に訴えた書類が、盗み見や改ざんを防ぐため、赤いテープで封印されたのだ。

英語では、官僚による形式的で煩雑な手続きを「レッド・テープ」と表現することがあり、これはチャールズ・ディケンズが最初に用いたといわれる——「スコットランド・ヤードには大量のレッド・テープがある。処理しなければいけない仕事に、だれもがうんざりするだろう」。

レッド、ホット、そして先入観

赤い色は、人を惹きつけることもあれば、威嚇することもある。ある実験で女性たちに、背景とスーツの色がさまざまな男たちの

ある研究によれば、「だれがいちばんセクシーに見える？」という質問に対し、女性は赤い服を着た男性を選ぶ傾向にあった

写真を見せた。被験者の女性には、第一印象に関する研究だと伝えてある。すると女性たちは一貫して、赤い服の男性、あるいは赤い色を背景にした男性がセクシーに見えると答えた。実験の主催者の結論はこうだ――このような偏りは、“赤は地位の高さを示す”という先入観に関連している。赤色に対する先入観は、鳥や人間以外

ヘナという染料で手のひらに美しい絵を描いたインドの花嫁。ヘナ（ヘンナ）はミソハギ科の同名のハーブからつくられるが、面白いことに、染料の元になるパウダーは緑色だ。これに酸性のもの、たとえばレモン汁などを混ぜると赤に変わる。

リリアン・ギッシュがヘスター・プリンを演じた映画〈真紅の文字〉のポスター（1926年公開）　原作はホーソーンの『緋文字』

の霊長類、甲殻類など、ほかの動物についてもあてはまる。

真紅のドレスを着た女性には性的魅力を感じるとする文化もあり、女性と赤色の組み合わせは心地よい刺激から不貞までさまざまだ。ホーソーンの『緋文字』で、ヘスター・プリンは不義をはたらいた罰として、服の胸に赤い“A”の布を生涯つけることになる。映画〈黒蘭の女〉（1938年）では、ベティ・デイヴィス演じるジュリーが婚約発表の舞踏会に、白いドレスを着て行くべきところをわざと赤いドレスにしたせいで、愛するフィアンセから婚約を解消される。

一方、インド北部の伝統では、新婦は赤いドレスに身を包む。また、額の中央につけるビンディーという印も赤く、手のひらには赤い染料ヘナで模様が描かれる。ヒンドゥー教徒にとって、赤は未来の可能性だけでなく、力を暗示するものなのだ。既婚女性にも、赤色は亡くなるときまで意味をもつ。未亡人が亡くなったときは白い装束に包まれ、夫より先に亡くなると赤い装束になる。

揺れる赤い布

スポーツの赤いユニフォームと同じく、力強い敵——牛に戦いを挑むから、闘牛士の布は赤いと思われがちだ。しかし、牛は赤い色を見て興奮しているわけではない。牛は人間でいうところの２色覚で、赤と緑の区別がつきにくいのだ。つまり、牛は闘牛士の布の赤色ではなく、その動きを見て興奮する。

闘牛士のケープには赤とピンクの２種類があり、ピンクのほうは、裏が黄色だ。赤いケープ(表裏とも赤)は、最終場面でのみ使われる

相手より優位に立ちたいときは、赤い服がいいかもしれない。もちろん、闘牛ではなく人間を相手にする場合の話だ。とある研究によると、2004年のアテネ五輪で、赤い競技服の選手やチームはよい成績をおさめる傾向にあったという。もっと最近のビデオゲームに関する研究でも、赤いアバターは有利だったらしい。専門家によれば、赤い色は人間の原始の自我を刺激する、それゆえ男の顔の血色の良さは力と生殖力の象徴だったのではないか、とのこと。男性ホルモンの一種、テストステロンの多い男性の外見は赤味を帯びる傾向にあるため、“順位”の低い男たちは赤ら顔の男を恐れた。

ルビーの靴

意外かもしれないが、ライマン・フランク・ボームの『オズの魔法使い』に、ルビーの靴は登場しない。いや、そんなはずはない、と思う人は多いだろう。おそらく、原作より映画のほうが記憶に残っているからだ。1939年公開の映画〈オズの魔法使〉は、当時の先端技術だったテクニカラーの作品で、観客は“総天然色”に魅了された。幕開けはモノクロだが、ドロシーがマンチキンの国に行ってからはカラーになるのだ。ルビーの靴のきらめく深紅と、レンガの道の鮮やかな金色との対比がじつに見事だった。

映画制作時、主演のジュディ・ガーランドのために、ルビーの靴は６～７足用意され、最後の一足は競売にかけられて、約200万ドルで落札された。また一足は、盗まれたと考えられている。だからもし、この赤い宝石を見つけたら、虹の彼方の夢をつかんだ——巨万の富を手に入れた、と思っていい。

РАБОЧИХ и ЛЕНИНА
СОЕДИНИЛА В СВОЕМ ПОРОХОВОМ
ДЫМУ
РЕВОЛЮЦИЯ 1905г.

アレクサンダー・ニコラエヴィチ・サモフヴァロフによる1905年のロシア第一革命のポスター。全体に赤色で、赤は共産主義を象徴するものとなった。これより1世紀以上まえのフランスでは、自由、平等、友愛を求める人びとが、その象徴として赤い旗を用いた。

宇宙
UNIVERSE

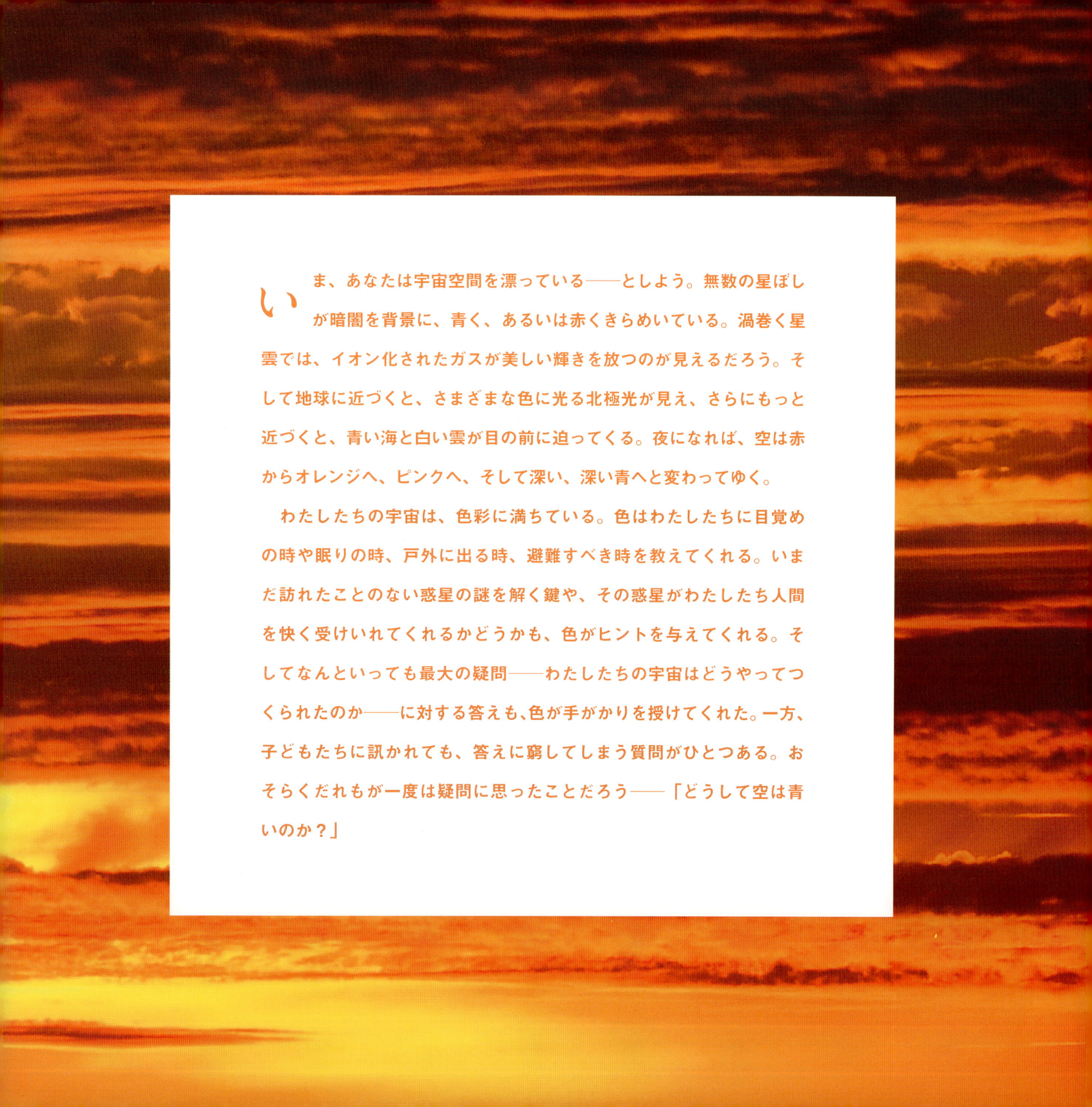

いま、あなたは宇宙空間を漂っている――としよう。無数の星ぼしが暗闇を背景に、青く、あるいは赤くきらめいている。渦巻く星雲では、イオン化されたガスが美しい輝きを放つのが見えるだろう。そして地球に近づくと、さまざまな色に光る北極光が見え、さらにもっと近づくと、青い海と白い雲が目の前に迫ってくる。夜になれば、空は赤からオレンジへ、ピンクへ、そして深い、深い青へと変わってゆく。

わたしたちの宇宙は、色彩に満ちている。色はわたしたちに目覚めの時や眠りの時、戸外に出る時、避難すべき時を教えてくれる。いまだ訪れたことのない惑星の謎を解く鍵や、その惑星がわたしたち人間を快く受けいれてくれるかどうかも、色がヒントを与えてくれる。そしてなんといっても最大の疑問――わたしたちの宇宙はどうやってつくられたのか――に対する答えも、色が手がかりを授けてくれた。一方、子どもたちに訊かれても、答えに窮してしまう質問がひとつある。おそらくだれもが一度は疑問に思ったことだろう――「どうして空は青いのか？」

この渦巻き銀河NGC5584には、250個のケフェイド変光星がある。

ヘンリエッタ・スワン・リーヴィット

素朴な疑問はほかにもある。たとえば、生命はどのようにして始まり、いつ終わりを迎えるのか――。色を手がかりに、その答えを見つけてみたい。ただし、そのためにはどうしても、多少長めの前置きが必要になる。

19世紀末、天文学者ヘンリエッタ・スワン・リーヴィットは、天体望遠鏡で撮られた大量の写真をチェックするという“下っ端”仕事をあてがわれた。当時はいまと違い、望遠鏡を使うのは男性に限られていたからだ。大量の写真はケフェイド変光星を写したもので、変光星とは、明るくなったり暗くなったり、時間とともに明るさが変わる星のことをいう。ケフェイド変光星は、そのなかでもとくに脈動変光星に分類される。

リーヴィットは、この明るさが変化する（脈動する）周期に目をつけ、とても大きな発見をした。そしてそこから、地球とケフェイド変光星の距離を計算する方法まで導きだした。彼女の計算法は、光度の変化に基づくものだった。星そのものがもつ固有の光度がわからないかぎり、それが地球の近くにあっても暗い星なのか、遠くにあってもなお明るく見える星なのかは判別できない。しかしリーヴィットは、同じ周期をもつケフェイド変光星は、どれも同じ光度をもつことを発見した。これに基づけば、脈動周期を測定することで、その星の絶対光度も推定できる。さらにその絶対光度と見かけの明るさを比較すれば、地球からの距離を計算できるのだ。

この発見をきっかけに、星雲と地球との距離を測定する方法が編み出され、そこから天の川は数ある銀河のひとつでしかないこと、宇宙は当時考えられていたよりはるかに広大であることがわかった。

では、広大な宇宙は最初から広大だったのか、あるいは時の経過とともに徐々に大きくなっていったのか？　20世紀初頭でも、距離がわかったのはわたしたちの銀河系にある星だけで、そのなかには地球から離れていくものもあれば、近づいてくるものもあった。このように動きが一定でないことから、宇宙は膨張しているのか縮小しているのかを見極めることはできなかった。

そんななか、銀河の色——銀河をとりまくガスなどが吸収・反射した色——が、大きな手がかりを与えてくれた。

そもそも、宇宙空間で見える色とはどういうものか？　いま、一筋の光が宇宙を横切っているところを想像してみてほしい。そしてその光線は山あり谷ありの波からできていると考えてほしい。これは本書の17ページでとりあげた縄跳びの縄に似ている。もし、波が動くにつれて、縄そのものが伸びたらどうなるだろう？　波の頂上からつぎの頂上までの距離（波長）は長くなっていくはずだ。第１章で述べたように、可視光線で波長がもっとも長いものは赤色に見える。つまり波長が長くなればそれだけ,色は赤に近づいていく。専門家はこの現象を“赤方偏移”と呼ぶが、これは“かならず赤く見える”という意味ではなく,光のスペクトルが波長の長いほう（赤のほう）へずれていくことを指している。たとえば、紫外線を放射する銀河は赤方偏移によって（より波長の長い）青色に見え、さらに強い赤方偏移が起きれば青から赤へ、さらには可視域を超え……という具合だ。このようにして天体は、地球から遠ざかれば赤方偏移を起こして赤色に近づき、逆に接近してくれば青色に近づく（後者は“青方偏移”）。

では、赤方偏移はなぜそれほど重要なのか？　1923年、エドウィン・ハッブルは一部の銀河の赤方偏移と光度を測定し、宇宙は膨張していると断言した。銀河における赤方偏移が、その銀河がどれくらいの速度で地球から遠ざかっているかを教えてくれるのだ。そして遠くにある銀河ほど,より速い速度で遠ざかっていく。つまり、宇宙は膨張しているということだ。

それでは、宇宙は限りなく膨張しつづけるのだろうか？　もしそ

色の移り変わり

天体の色は、地球から遠ざかれば赤へ、近づけば青へと変化していく。といっても、実際に目に見える色がそれぞれ“赤”や“青”になるとはかぎらない。たとえば紫外線を放つものは、地球から遠ざかると赤方偏移によって青っぽく見える。電磁スペクトルが、長波長のほうへ（“赤”のほうへ）ずれるからだ。

うなら、その割合は？　科学者たちは、膨張速度はいずれ衰える、と考えた。ところが、宇宙のはるか遠く、地球から一億光年離れたところでも超新星（恒星が進化の最後で起こす大爆発）が観測されるようになった。

超新星はとんでもなく明るい。その星がある銀河全体の明るさを上回るほどで、だからはるか遠くにあっても観測することができるのだ。超新星はどれもピーク時の明るさがほぼ等しいことから、ケフェイド変光星と同じく、本来の明るさと見かけの明るさを比較することで、地球からの距離を測定できる。そして赤方偏移と光度から宇宙の膨張速度が推測でき、これが驚くべき発見をもたらした。

どうやら、宇宙の膨張は加速しているらしいのだ。それまでは、膨張速度は減衰すると考えられてきた。ブレーキをかけられた車が、走りながらも速度を落としていくようなものだ。ところが、超新星の観測により、ブレーキどころかアクセルを踏んだ状態だとわかった。

この発見に、色はさまざまなかたちで大きな役割を果たしている。超新星そのものの色はもちろん、周辺の塵も独自の色——赤色を放つのだ。ただし、塵が赤いのは短波長の光をさえぎり、長波長の光を受け入れるからで、赤方偏移とは異なる。そしてこの赤色の程度を測定することにより、どれくらいの塵が存在するかが推定でき、超新星の地球からの距離も“色補正”できる。

ハッブル宇宙望遠鏡で撮影された、かに星雲。非常に美しいが、これは擬似カラーという技術を用い、可視光の外にある肉眼では見えない色も見えるように処理したもの。といっても、けっしてでたらめな色ではない。この写真では、青はイオン化した酸素原子、緑は水素原子、赤は硫黄原子を示している

星の色が違って見えるのは、なぜ？

夜空を見上げたときの星の色は、化学的な組成よりも温度——熱放射に関係している。熱放射の身近な例は、トースターだ。パンはトースターの電熱線の熱放射によって焼ける。

赤い星、白い星

星と色の関係では、“レッド・ホット（赤熱）”や“アイス・ブルー（氷のような淡い青色）”などの表現は、真っ赤な嘘になる。というのも、星は冷たくなればそれだけ、放射する光の波長が長くなる——つまり、赤くなっていくからだ。逆に熱をもてばそれだけ、光の波長はスペクトルの青色のほうへ近づいていく。太陽の表面温度は約6000℃だが、赤の波長に、もっと短い黄色や緑、青の波長がミックスされ、これらが混じりあった結果、太陽は白く見える。また、わたしたちの銀河でもとびきり大きなエネルギーを放つ天体のクエーサー（準恒星状電波源）のすぐそばに寄れたらとしたら、そんなに明るく輝いては見えないだろう。きわめて高温のため、可視光を

青くまぶしく輝く星と、それよりやや輝きが劣る赤い星がちりばめられた大マゼラン雲。擬似カラーを用いた画像で、肉眼では見えない宇宙の色を肉眼で見えるようにしたもの

青白く輝くシリウス。おおいぬ座でもっとも明るい

超えた紫外線を発しているからだ。とはいえもちろん、“すぐそば”に寄れるわけはない。クエーサーははるか遠方にあるので、地球から見るときは大きな赤方偏移によって、紫外線の一部はスペクトルの真逆の赤外線にまでシフトしてしまう。

人間の視覚では、星の色は赤と白と青に限定される。一部の星には緑や紫もあるが、これらの星は赤と青の光も大量に放射するため、すべての波長が混じりあって結局は白く見える。また、たとえ“バイオレット”の星であっても青い光を大量に放射し、わたしたちの視覚はバイオレットより青に敏感なので、紫系の色合いは薄れて見える。

熱い熱いブルー

青は冷たく、赤は熱い……というのが逆転するときがある。温度が高ければ青い光を放ち、低ければ赤い光を放つのだ。そして緑は、混ぜあわされて白になる。

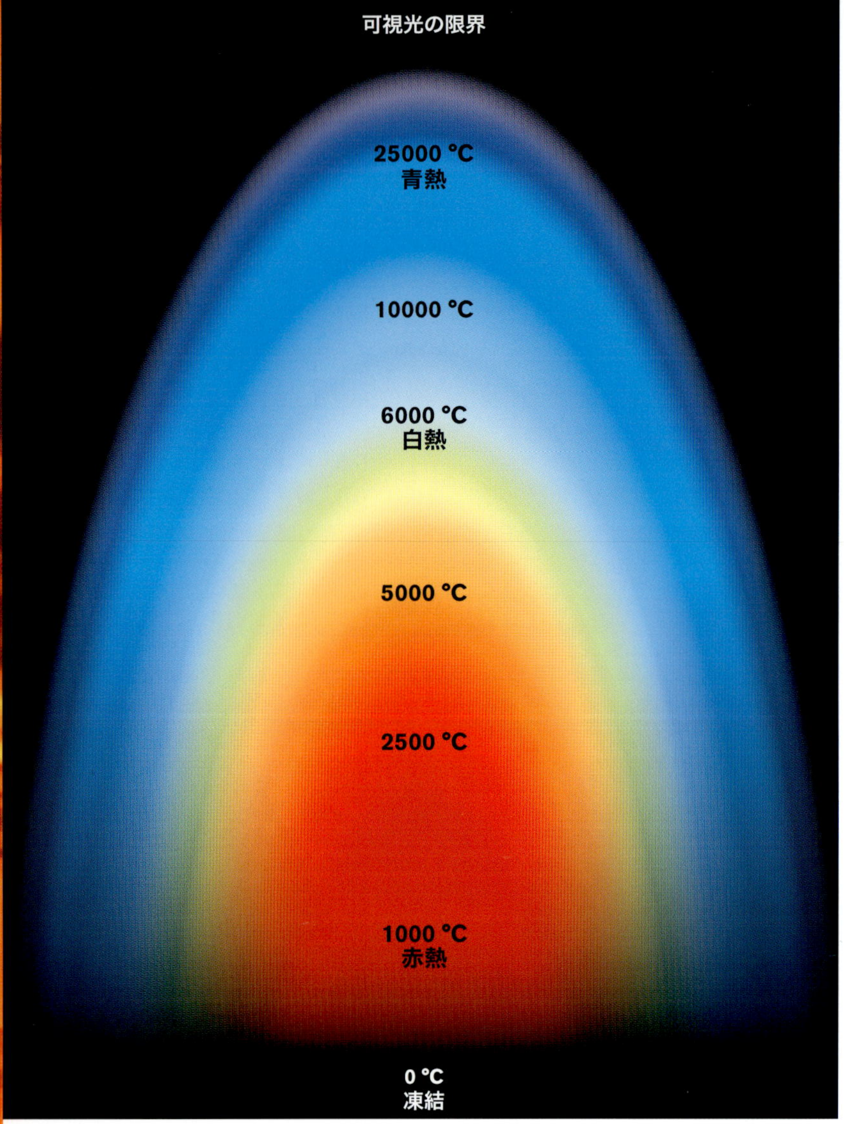

星の色はまた、その星の寿命も暗示している。高温で青い星は輝きが強く、そのぶんエネルギーを消費して燃料を使うペースが速い。シリウスのような明るい青い星の寿命が億年単位であるのに対し、そこまで熱くはない、わたしたちの太陽のような恒星の寿命は十億年単位といわれ、赤い星々となるともっと長くなる。赤色矮星は名称どおり表面温度の低い小さな恒星だが、寿命は百億年単位、長ければ兆年単位になることもあるという。一方、赤色巨星と赤色超巨星も低温ながら、巨大なために発散する熱も多い。そして悲しいことに、寿命も比較的短い。

赤いのに冷たい？

赤いのは熱い、冷たいのは青い……というイメージがあるのはなぜだろう？　暗い場所では、目の感度は変化する。ふつう、錐体の感度は黄色と緑の波長に対してピークになるが、かすかな光でも反応する桿体細胞（20ページ参照）の働きで、暗い場所では青い波長に敏感になる。一般に､明るい場所より暗い場所のほうが低温で、かつ、わたしたちの目は青い光を感じとる傾向にあるのだ。そしてトースターの電熱線や炎のように、熱をもつものは赤くなる。というわけで、青より赤のほうが熱い、という認識になる。

現実に､鉄や炭を強く熱する（約1000℃）と“赤熱／レッドホット”になるが、さらに熱を加えつづけると可視光の全波長を含んで“白熱／ホワイトホット”となる（太陽の表面温度の約6000℃）。原理的に、加熱をつづければ波長は短くなって紫外線域に入るが、発光は可視光の範囲内で、さしずめ“青熱／ブルーホット”だ。とはいえ、このときの温度は2万5000℃以上であり、日常でそういうことは起きないため、青熱／ブルーホットという表現はない。

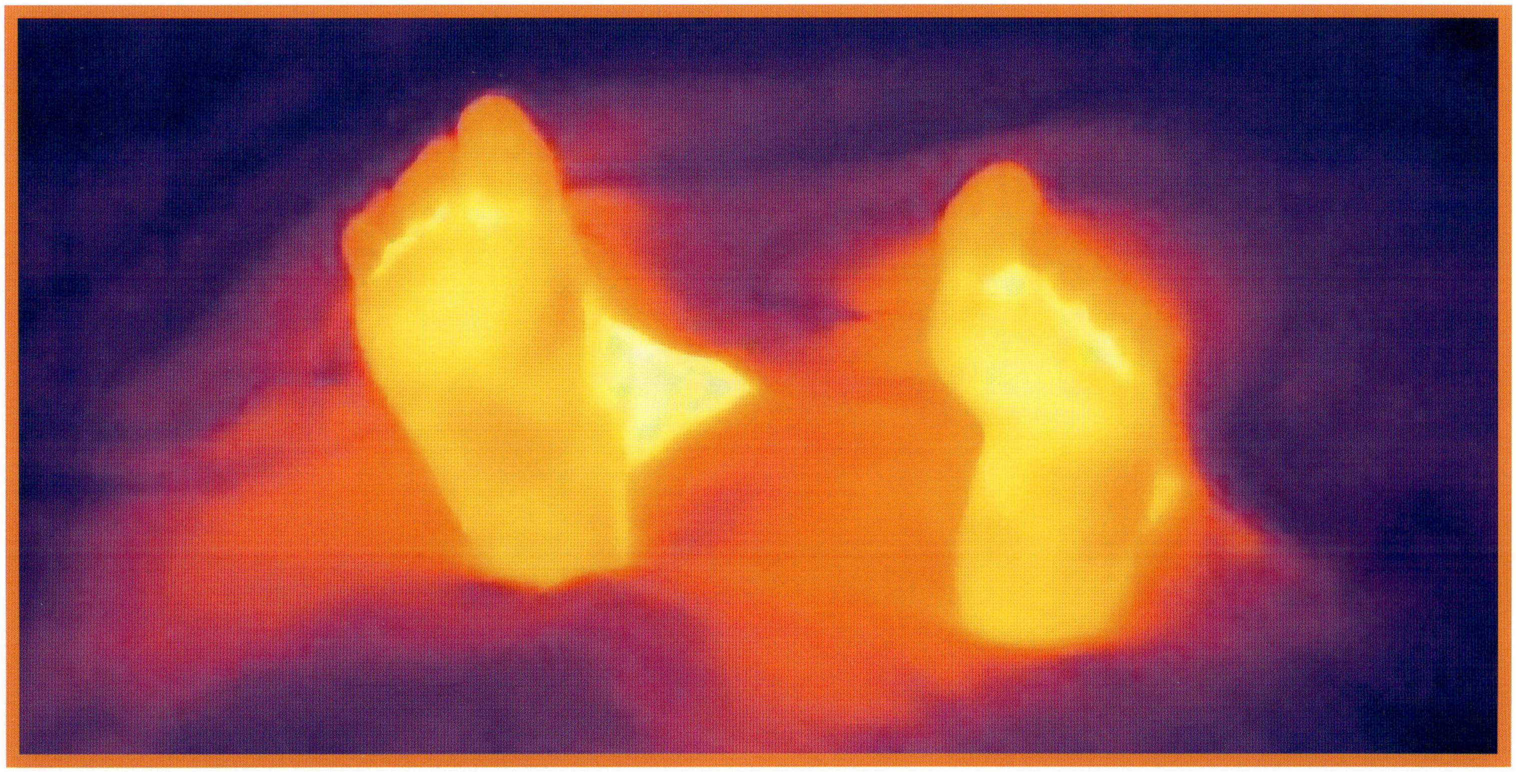

表面の反射光ではなく、内部エネルギーの差をとらえた感熱写真（ジョーゼフ・ジャコミン撮影）。
さわらなくても見るだけで、両足が温かいのがよくわかる

ちなみに人間は、体温が1000℃にならなくても“赤く”輝く。人体からは赤外線が放射されているからで、赤外線カメラで撮影したら、人間は100ワットの電球さながら光っているだろう。

色の探偵

わたしたちの目に映る星の色はその星の熱放射に由来するが、そこから外層にどんなものがあるかを推測することはできる。

色のパターンを決めるのは、水素やヘリウム、酸素のような元素だ。たとえば、銅のポットを熱すると緑になり、ガスコンロの青い炎は酸素不足ではオレンジになる。ニュートンが太陽の光を屈折させて虹をつくったように、恒星の光を屈折させて虹をつくってみると、どんな色が欠けているかがわかる。そこで天文学では巨大望遠鏡を使い、恒星の光をプリズムや回折格子で屈折させてスペクトルに分け、どんな色があるのかないのかで、恒星の表層にある元素を見極める。太陽のヘリウムはこの方法によって発見され（1868年）、その後、地球にもヘリウムがあることがわかった。

惑星の色

海王星は紫がかった深いブルーで、火星は燃えるような赤――。わたしたちの太陽系にある惑星は、どれもこの世のものとは思えないほど美しい色をしている。恒星の色が主として内部エネルギーによって異なるのに対し、みずから光を発しない惑星は、地表や大気を構成するものによって色味が違ってくる。惑星はほかの物体と同じく、表面にあるものが太陽の光を吸収、反射するのだ。海王星の大気にはメタンが多いため、赤い光を吸収して青い光を反射する。そして火星は、表面が酸化鉄を含む土や岩でおおわれていることから赤い光を反射し、“赤い惑星”と呼ばれるようになった。では、木星のオレンジの帯や縞模様はなんだろう？　これは硫黄や燐の化合物によるものと考えられている。そしてわたしたちの“水の惑星”は、表面の７割が水におおわれているため“青い惑星”となる。

母なる宇宙が描く色

惑星の色は、その大気や表面がどんな色を反射するかによって決まってくる。わたしたちの太陽系にある惑星も、それぞれの要素からさまざまな色を呈する。

水星
色：灰褐色
地表：岩、ダストにおおわれている

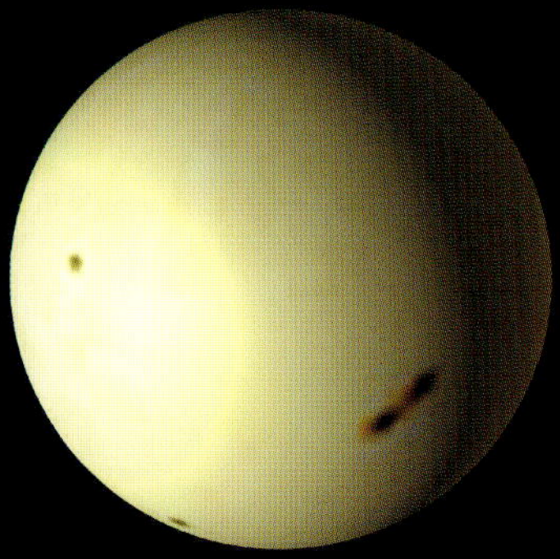

金星
色：黄色
大気：硫酸の雲

地球
色：深い青色に白と緑、茶色
地表：水、雲と植物、大地

火星
色：赤い錆色
地表：土や岩に含まれる酸化鉄

木星
色：濁った黄色にオレンジ、白、褐色の帯
地表：アンモニウム、水分、氷晶

土星
色：黄褐色
大気：水素、ヘリウム、アンモニア、ホスフィン、水蒸気、炭化水素

天王星
色：緑青
地表：メタンガス

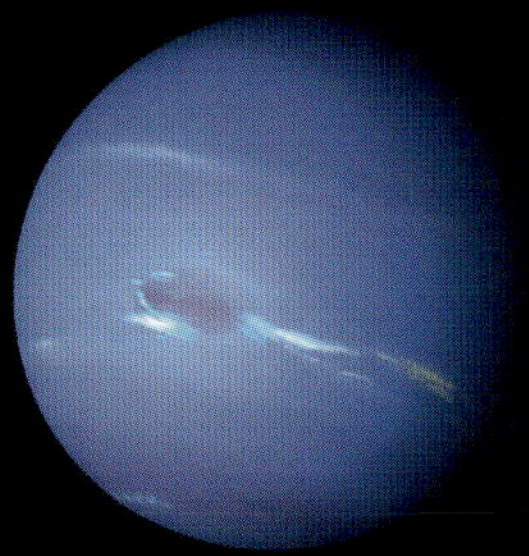

海王星
色：深い青
地表：メタンガス

空を彩る自然の光

恒星や惑星ははるかかなたにあるので、見つめても目がくらむことはない。しかし、地球の高緯度地域の夜に見られるオーロラは、まさに目がくらむほどの美しさといってよい。恒星と違い、オーロラの色は一般的に緑が多いが、ときには赤やピンクが見えたり、紫や青のこともある。

太陽からの帯電粒子が地球磁場に作用し、大気中の原子や分子にぶつかって発光するとオーロラになる。が、その色は、高度と大気中の酸素と窒素によって違ってくる。高度が高いと大気が薄く、酸素原子の割合が大きいので、より多くの酸素が励起される。そして酸素原子は通常、緑と赤れんが色の光を発する。それより高度が低くなると窒素が多くなり、色はブルーや、もっと明るい赤色になる。

空はどうして青いのか

宇宙は真っ暗な暗室よりも、もっと暗い。一方、わたしたちの頭上の空は時々刻々と色を変え、その色もじつに多彩だ。夜から朝になれば黒から青になり、夜明けと日没には虹のごとくさまざまな色合いを見せてくれる。

空の色の移り変わりは、大気中に大量にある微粒子に関係している。これら微粒子の表面が太陽光線の屈折面となるのだ。微粒子がなければ、快晴の日の空は抜けるような青どころか、漆黒に見えてしまうだろう。

月面におりた宇宙飛行士の写真を思い出してみてほしい。太陽の光を受けて影ができているのに、空は真っ暗だ。それはなぜか？なぜなら、月には大気がないからだ。

アティガンパス（アラスカ）の美しいオーロラ

空高くにある太陽が地平線におりてくると、青い空は黄色に、それからオレンジ、赤、ピンク、紫に変わり、地平線の下に沈むと青にもどる。このように空の色が変わって見えるのは、光の“レイリー散乱”による。

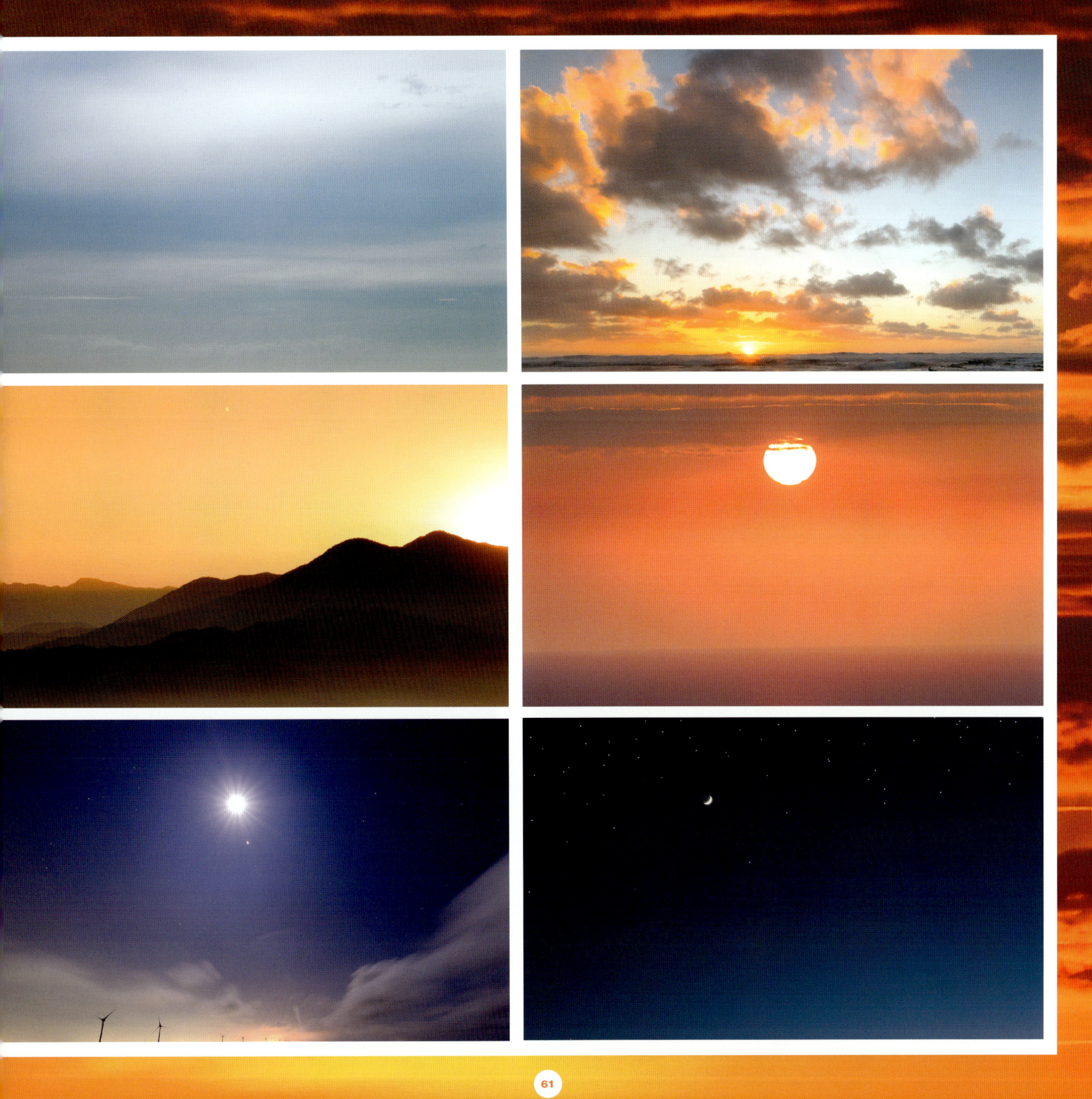

子どもたちは太陽を黄色く描くことが多い。白い太陽は、レイリー散乱によって黄色く見えるからだ。この絵は本書のデザイナーの息子、オスカー・シェアの作品！

大気の粒子はとても小さいので、太陽光を吸収・反射せずに、四方八方に散乱させる。短い波長の光（青や紫）はあらゆる方向に散り、波長の長い光（赤、オレンジ、黄色）はそれよりぐっと散乱が小さい。だから空は青く見えるのだが、それならもっと波長の短いバイオレットに見えないのはなぜか？　くりかえすが、わたしたちの目はバイオレットより青のほうに敏感だからだ。実際、あたりを見回せば、いたるところに青があるだろう。しかし、長い波長のほうは散乱が弱いので、太陽から直接やってくるように見える。アメリカの子どもたちが、太陽を黄色で描くのはそのためだ。空が青色に見える謎（レイリー散乱）を解きあかしたのは、イギリスの第3代レイリー男爵ジョン・ウィリアム・ストラットで、1904年、ストラットはノーベル物理学賞を受賞した。

空は紺碧に見えるときもあれば、白に近く見えるときもある。曇りの日や、汚染地域で異物が大気へ掃きあげられると空は白くなる。異物の粒子は大気にある平均サイズのものよりはるかに大きいため、どの波長の光もすべて等しくつかんで撒き散らすことができる。その結果、空はほとんど白に見えるのだ。そしてもし、暴風雨が異物の粒子を取り除いてくれたら、いつものレイリー散乱により、空は美しい青色にもどる。

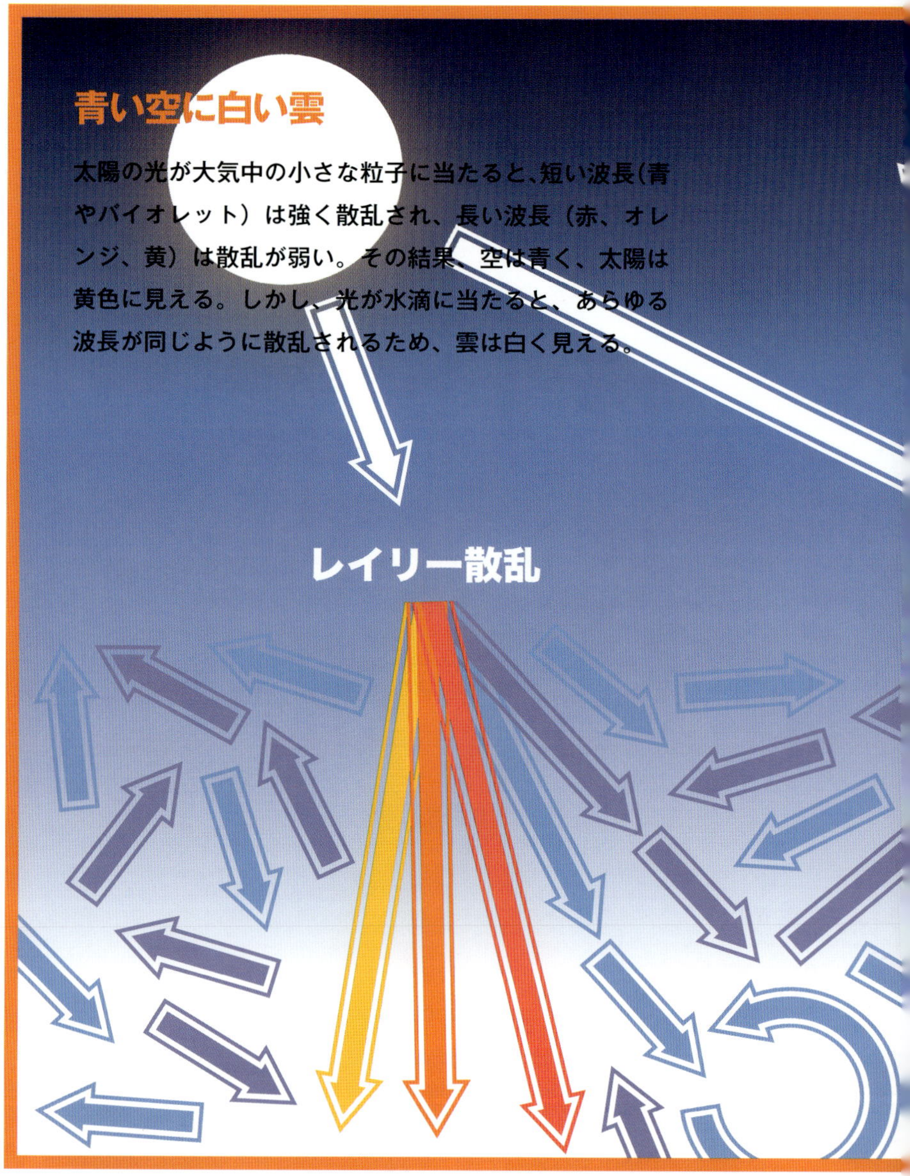
青い空に白い雲
太陽の光が大気中の小さな粒子に当たると、短い波長（青やバイオレット）は強く散乱され、長い波長（赤、オレンジ、黄）は散乱が弱い。その結果、空は青く、太陽は黄色に見える。しかし、光が水滴に当たると、あらゆる波長が同じように散乱されるため、雲は白く見える。
レイリー散乱

夜明けと日没どきの赤、オレンジ、ピンクも同じ原理に従っている。地球は自転しているので、この時間帯になると、太陽は昼間よりも（観察者から）遠い位置にある。そこで、散乱されやすい短波長の光は、遠くへたどりつくまえに散ってしまい、観察者の目にとどかない。かたや長波長の赤やオレンジ、黄色は長い距離を渡ってこられる。というわけで、太陽は光の波長を時刻によって変えてはいないのに、夜明けと日没時の太陽は赤く見えるのだ。

たとえるなら、高速道路をこちらへ向かって走ってくる青や緑の車は、途中で高速道路を降りてしまい、赤やオレンジの車だけがこちらに到着する。

大気中の粒子の大半は微小だが、それでも異なる種類の粒子は異なる種類の光を吸収・反射し、たとえばオゾンの分子は、紫外線を吸収する。だからこそオゾン層は大切で、もしこれが破壊されると、有害な紫外線がわたしたちにふりそそぐことになる。また、二酸化炭素は赤外線を吸収して大気を温め、いわゆる温室効果をもたらす。そして水滴はもっとサイズが大きいので、太陽が放つ可視光の波長をすべて等しく反射する。その結果が、白い雲や霧、靄である。曇りの日の空が白く見えるのは散乱の結果だが、散乱といってもレイリー散乱ではなくミー散乱だ。ミー散乱（ドイツの物理学者グスタフ・ミーにちなむ）は、大きな粒子による散乱で、可視光のどの波長もほぼ均等に散乱するため、観察者の目には“白”に見える。

雲が多かったり霧がたちこめたりすると、景色がぼんやりして見えるのはなぜだろう？　一般には、こういわれている――曇天の日は、雲を通過する光が少なくなり、わたしたちの目にとどく波長の数が減少するから

煙っぽい部屋や薄暗い教会から、あるいは霧のたちこめる林で空を見上げたとき、たれこめる雲間から射しこむ光が白く見えるのは、ミー散乱によって、どの波長の光もほぼ均等に入ってくるからだ。

月がはるか天空にあるとき（上・左）、空高くにあるとき（上・中）、さらに下って地平線に近づいていくときの色の移り変わり

月

夜空で輝く月を見れば、月自身は光を発しないといわれても信じがたいだろう。月は太陽光を反射して、あのように美しく輝くのだ。ただし、色そのものはレイリー散乱による。月が空の高い位置にあるときは白っぽい灰色に見え、光を散乱させる粒子がない地球の軌道上から見れば、月はいつでも灰色だ。しかし、地平線近くの低い位置にある場合、粒子がたっぷりある大気ごしに、月はオレンジっぽく見える。これは沈む夕陽がレイリー散乱によってオレンジ色に見えるのと同じ理屈だ。

満月が空高くにあれば、暗い夜も月明かりで明るくなったように思える。しかしだからといって、青や紫や灰色の影以外のものまでくっきり見えるわけではない。これはわたしたちの網膜にある錐体細胞が、この種の低光に反応しないからだ。月光のもとでは、暗い光や弱い光、コントラストに敏感な桿体細胞が力を発揮する。

虹がすべての基本

古来、人びとは雨上がりの空に美しい弧を描く虹を、驚嘆の思いでながめてきた。虹は色彩世界の、最高の具現者といっていい。ニュートンの“スペクトル”をまざまざと見せてくれ、見せてくれたかと思うとはかなく消えてしまう。

虹は雨の滴（豪雨後の大気中の水分）がプリズムの役目を果たすことによって生まれる。白光が雨の滴に入ると、プリズムを通ったときのように屈折し、可視光のスペクトルに分かれる。そして水滴の内側で反射してふたたび外に出ていくが、出ていくときも屈折して光の分散は強まり、わたしたちの目に見える虹となる。

いうまでもなく、虹は空にずっとあるわけではなく、光が演じるひとときのショーでしかない。そしてもちろん、同じ虹でも人によって見え方が違う。無数のプリズムを通しているから、見る角度によって変わってくるのだ。いまあなたが見ている虹は、あなたひとりだけのもの、といえるだろう。

虹はときおりふたつ同時に見えることがある。そのときの、内側のはっきり見える虹を主虹、外側のぼんやり見える虹を副虹という。主虹の色の配列は、上から下へ、波長の長い順に赤、オレンジ、黄、緑、青、藍、紫だが、副虹ではこれが逆になり、いちばん上が紫で、いちばん下が赤になる。このように色が逆転するのは、主虹では光が水滴のなかで１回反射し、副虹では２回反射するからだ。

ただ、いずれにしても、虹の“色の帯”は、厳密には帯ではない。虹の色はあくまで連続したスペクトルで、見る者の脳が光受容器の数によって帯を認識するだけだ。生まれながらに受容器の数が少なければ、見える色の帯も少なくなるし、受容器が多ければ見える帯も多くなる。あなたのそばに鳩がいたら、鳩には紫外線の帯も見えていることだろう。

雨あがりに虹ができるのは水滴がプリズムの役目をするから

太陽光が水の滴に入ると、屈折して分光される。そして小さな水滴が結びついて空に美しい絵を描き、世界各地でさまざまな神話を誕生させた。

“虹の探求” のコツをいくつか――
太陽を背にして立つ
できれば、空をさえぎるもののない広々した場所で
虹の背後の空が薄暗くなるのを待つ
この条件がうまくそろえば、輝く虹の美しさを堪能できるだろう。

オレンジ
ORANGE

何百年ものあいだ、オレンジ色には“アイデンティティ”がなかった。虹の色にしても、地域によってはオレンジ色を含めないし、そもそもこのような色にあえて名称をつけなくてもいいと考える文化もあるようだ。とはいえ、わたしたちはオレンジ色に囲まれている。咲きほこる花、フルーツや野菜、動物たち、そして黄昏どきの空――。サフランなどは古くから衣類を染め、カンバスを彩ってきたし、オレンジ色は国家や宗教の、あるいはスポーツ・チームのシンボルカラーに使われたりもする。ただそれでも、親戚の“赤”ほどの確固たる地位を築いてはいない。理由はおそらく、その色合いにあるのだろう。淡い場合はたいてい“黄色”になり、暗い色合いだと“ブラウン”になってしまう。このようにオレンジ色の守備範囲は狭いものの、狭いながらもオレンジ色は美しく輝いている。

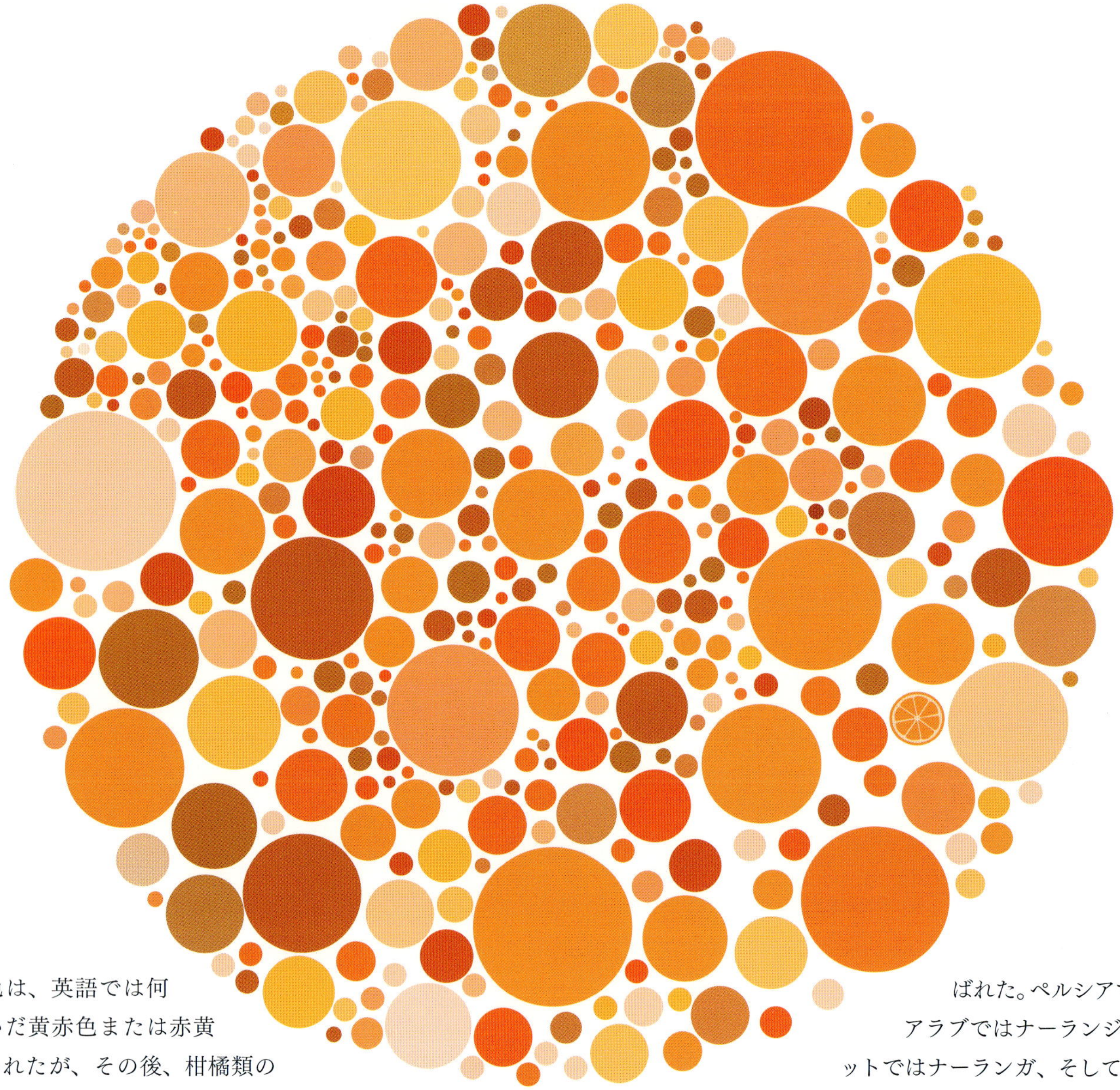

オレンジ色は、英語では何世紀ものあいだ黄赤色または赤黄色として扱われたが、その後、柑橘類のオレンジの実の色をオレンジ色と呼ぶようになった。赤でも黄でもない色をあいまいに表現することにうんざりした詩人たちが、色の空白地帯を埋めたいと思ったのだろう。花や果実の名前がそのまま色の名前になるのはとくに珍しいことではなく、インディゴやバイオレットも同類だ。

オレンジという言葉の由来は、この果実が旅した道のりと変わらず長い。最初に栽培されたのはおそらく中国で、香りのよい果汁たっぷりの実をつける木は、商人によってペルシア帝国に届けられた。皇帝たちが、領土内にはない樹木を集めていたからだ。その後はペルシアからスペインへ渡り、旅の道中、その土地その土地の言語で呼ばれた。ペルシアではナラング、アラブではナーランジ、サンスクリットではナーランガ、そしてスペインではナランハだ。しかしフランスにたどりつくと、音の響きがいささか変わってオランジュと呼ばれ、そこからオレンジになるのには手間取らなかった。

この言葉が最初に形容詞として登場したのは13世紀の古文書で、

オレンジ・ジャーニー

現在、中国もオレンジ生産量では五本の指に入るが、果汁たっぷりでおいしいフルーツの世界一の生産国はブラジルだ。

面白いことに、味の苦味を表現する言葉だった。それが16世紀になるころには、味はいっさい関係なく、色を意味するようになる。

琥珀とミイラ

琥珀は宝石に分類されがちだが、実際は石ではない。木の樹脂が地中で固まり、長い年月をかけて化石化したものだ。オレンジ色が多いが、ゴールドやブラウン系などさまざまある。琥珀が独特の特徴をもつ理由は、その生成初期に隠されている。樹脂が葉や昆虫、ときには小動物など、多種多様なものをとらえ、とらえたまま固化していく。これは先史時代にまでさかのぼるので、運のよい科学者は、内部に二百万年以上まえの化石を閉じこめた琥珀を見つけることがある。

琥珀は腕のいい“ミイラ製造家”だ。とらえたものの水分を抜き、繊維は保存する。また、抗生作用のある菌類を含み、これが防腐剤の役割をしてくれる。古代エジプト人が貴族の遺体の処理に樹

にがいオレンジを食べる農民。「健康全書Tacuinum Sanitatis」の14世紀の写本

目を凝らして見れば、ハエの羽の翅脈まで、はっきりと見える。琥珀はこのように、閉じこめたものをとてもよく保存する

脂を利用したのは、その利点を知っていたからだろう。

琥珀の特性のおかげで、生物の長い歴史に関するさまざまな情報を得ることができる。ただ、広く知られた特性とはいえ、いまひとつ理解しにくく、読者のなかにはマイケル・クライトン作『ジュラシック・パーク』を思い浮かべる人もいるのではないだろうか。この作品では、恐竜の血を吸った蚊がそっくりそのまま琥珀に閉じこめられている。そして科学者が、蚊の血からDNAを抽出し、それをもとに生きた恐竜を再生させる――。ほんとうにそんなことができるのだろうか？　問題は、DNAは時間とともに壊れていくこと、しかも琥珀のもつ保存機能が、DNAにとっては破壊要因のひとつになることだ。世界各地で何度も実験されたが、残念ながら、先史時代の完全なDNAの復元に成功した例はない。わたしたちは恐竜に関し、ここしばらくのあいだは、骨だけで満足するしかないだろう。

愛のグッピー

グッピーは2～3センチの小さな魚で、観賞魚として世界じゅうで愛されている。姿形も体色もバラエティに富み、東西南北の淡水で見かけるが、最初に発見されたのはトリニダード島だ。

自然で暮らすグッピーには、生息地を問わず、共通点がある。オスのからだに、オレンジ・パッチが1～5か所ほど認められるのだ。多様な生息域で外見の特徴が同じというのは、それ自体驚くべきことだが、オレンジ・パッチに関しては、もっと驚くことがある。このオレンジ色の原料は、オスのからだの内と外にあるのだ。体内にはドロソプテリンという色素があり、これが赤みを生む。もうひとつは、グッピーの食糧に含まれるカロテノイドだ。グッピーは藻類や草食性の昆虫、水中に落ちてきた果物などを食べ、食べたものによって、つくられる色は黄色やオレンジ、赤になる。

オレンジ・パッチの色合いは、このカロテノイドとドロソプテリ

オスのグッピー。人間の目では、オレンジ部分のバリエーションの違いはあまりよくわからないが、メスのグッピーはきっちりと見分ける

ンの絶妙なバランスにより、イエロー・オレンジからオレンジ・レッドまでの幅がある。どの色合いも、それを好むメスがいるものの、魅力的な色をつくるには色素のバランスがなかなかむずかしい。たとえば、水域によっては、育つ藻類がカロテノイドを豊富にもつ場

合がある。そしてオレンジ・パッチをもつオスは、その環境に適応しなくてはいけない。カロテノイドが豊富な環境では、魅力的な色合いを得るためにドロソプテリンを余分につくり、その逆もまた真なりだ。このささやかな遺伝的調節はじつにみごとなもので、これ

見え方は三者三様

人間はオレンジのさまざまな色合いを見分けることができる。しかしその程度なら、グッピーには朝飯前で、はるかに微妙な差を識別できる。かたやコウモリはオレンジ色を見ることができない。人間のほうが、コウモリよりはまだよく見えるということだ。

により、メスのグッピーを強力に惹きつけることができる。

メスの色の好みは、色覚によって変わる。色を感じる受容器は、人間には３種類しかないが、グッピーには最低でも４種、多ければ11種あるといわれ、紫外線も感知できる。そしてメスのグッピーがもつ受容器の数と種類が、好みのオレンジの色合いを決定する。純粋なオレンジ色に敏感なメスは、その色をもつオスを好み、赤に敏感な受容器をもつメスは、オレンジ・レッドのオスに目を輝かせる。

また、受容器にかかわらず、メスはからだのパッチカラーに、人間が想像する以上に興奮するらしい。残念ながら、小さなグッピーの脳が感じとる美しい鮮やかな色は、人間の目では同じように感知できないので具体的には説明できない。

オレンジ公

オランダに行くと、いたるところでオレンジ色を目にするだろう。競技場でサッカーの試合を観戦すれば、もう二度とオレンジ色は見たくないとすら思ってしまうかもしれない。ユニフォームから客席から、何もかもがオレンジ一色だからだ。ただし、オランダの国旗にオレンジ色は使われていない。

それにしても、どうしてこれほどまでにオレンジ色を？　オラン

オランダの以前の国旗

オランダの現在の国旗

現在のオランダの三色旗にオレンジ色は使われていないが、17世紀半ばまでは使われていた。当時の染料の出来が安定せず、オレンジが赤色になりがちだったため、実用面から、正式に赤に変更されたのだ。しかしニューヨーク市（78ページ参照）はオランダのもとの国旗の色を現在まで引き継ぎ、アイルランド共和国も誇りをもってオレンジ色を使っている。

ニューヨーク市の旗

アイルランド共和国の国旗

14世紀の「健康全書」の写本に描かれたニンジン。オレンジ公ウィレムの時代以前に、オレンジ色のニンジンがあったことがわかる

ダの人びとのオレンジ色への忠誠心は、16世紀の独立戦争の指導者オレンジ公（＝オラニエ公）ウィレムに由来する。“沈黙公”とも呼ばれたが、信仰の自由に関しては、けっして沈黙しなかった。その強い信念は、ルーテル派の教育を受けた後、公領の相続などのため、カトリックに改宗したことが理由だという説がある。ともあれ、ウィレムはオランダにおけるプロテスタント弾圧を憂い、住民を守るべく、対スペイン支配の抵抗運動を指導、これがオランダ独立へとつながった。こうして、宗教の自由の獲得とスペインの専制に立ち向かったオレンジ公の“オレンジ”は、オランダの独立性の象徴として、人びとの心に永遠に刻まれることになる。

オレンジ公ウィレムにまつわる話は、これにとどまらない。たとえば、世界のどこに行っても目にする野菜——ニンジンの色だ。ニンジンはなぜオレンジ色なのか？　これに関して、オランダには面白い伝説がある。園芸家たちがオレンジ公ウィレムを尊敬する証として、苦労に苦労を重ね、オレンジ色のニンジンを品種改良したというのだ。

この話は部分的には正しいが、実際にはもっと深いものがある。16世紀以前、オレンジ色のニンジンは、計画的に栽培できるような安定した種ではなかったし、もともと、色は黄色だったり、赤や紫だったりした。とはいえ、美術史料を見れば、早くも１世紀にオレンジ色のニンジンがあったのは間違いない。ただ、“オレンジ”という色名がまだ存在していなかったので、「黄赤」色と呼ばれた。

というわけで、オランダはオレンジ色のニンジンを国の誇りの象徴として栽培することに成功したものの、オレンジ公ウィレムのおかげでニンジンが料理の人気材料になったわけではなく、ニンジンはオレンジ色に限られるわけでもない。世界各地にさまざまな色のニンジンがあり、甘さや香りもさまざまだ。

ニンジンはジャガイモに次いで、世界第２位の人気野菜だといわれる。数百種類もの品種があるが、その圧倒的多数がオレンジ色だ

ウィリアム３世。トーマス・マリーによる肖像画

代々つづくオレンジの実

現在の南フランスにあったオレンジ公国の領主を「オレンジ公（オラニエ公）」という。オラニエ・ナッサウ家が継承し、ネーデルラントの総督も務めた。以下は、主なオラニエ公。

イングランド王、スコットランド王およびアイルランド王（在位 1689～1702）でもあったオレンジ公ウィリアム３世もまた、曽祖父のウィレム同様、オレンジ色の普及に一役かった。一般にアイルランドの色といえば緑を思い浮かべるが、これはカトリックに関連したものでしかない。プロテスタントは異なる道を選び、ウィリアム３世へ敬意を表してオレンジ色を選択した。ウィリアム３世はプロテスタントで、曽祖父と同じく宗教の自由を信じ、アイルランドのプロテスタントのために立ち上がったのだ。そうして当時のイングランド王で、カトリック信者のジェイムズ２世軍と戦い、結果はジェイムズ２世が追放され、ウィリアム３世がイングランド王に即位した。1689年のことで、同年の〈権利の章典〉では、プロテスタントに信仰の自由と市民的自由が与えられた。

現在、北アイルランドには、ウィリアム３世の伝統を守るオレンジ党という組織があり、メンバーはオレンジメンと呼ばれる。17世紀のウィリアム支持派の兵士がオレンジ色のサッシュを身につけていたことから、現代のオレンジメンもパレードをする際にはオレンジ色のサッシュをかける。

このオレンジ党が、命を賭して戦ったウィリアム３世と同じく、宗

オレンジの大都市

ニューヨーク市は、短期間ながら、オレンジ公ウィリアム３世にちなんで“ニューオレンジ”と呼ばれた。ニューヨークから改名されたのは1673年、第３次英蘭戦争でオランダが優勢になったときだ。しかしわずか１年後の1674年、ウェストミンスター条約によってイギリス統治下となり、名称はふたたびニューヨークになった。

1690年の“ボイン川の戦い”の勝利記念日に、ベルファスト（北アイルランド）を行進するオレンジ党。この戦いで、プロテスタントのウィリアム３世が率いる軍はカトリックのジェイムズ２世軍に勝利した

サフラン

教と人民の自由の原則を守りぬいているかどうかは議論の余地があるだろう。カトリック信仰をけっして受けいれない、かたくななまでの排他主義はしばしば批判されている。とはいえ、オレンジ公ウィレムとウィリアム３世、オレンジ党により、オレンジという色はお隣の赤色ほどではないにせよ、歴史的、社会的意義をもつにいたった。

地球でもっとも高価なスパイス

クロッカスの花には、美しいオレンジ色のめしべがある。クロッカスのうち、クロクス・サティウスという種類は、めしべの柱頭がスパイスや顔料に使われて“サフラン”と呼ばれる。１ポンド（約450グラム）のサフランをつくるのに、じつに20万もの柱頭が必要で、それも手で摘みとらなくてはいけない。花は秋に開花し、柱頭の摘みとりは、美しく咲いた花が日光でしおれないうちに、朝早くから行なわれる。しかも、ひとつの花に柱頭は３つしかないから、サフランが１ポンド当たり5000ドル以上もする、世界でもっとも高価なスパイスなのもうなずけるだろう。

スパイスの価格

スパイス	価格
サフラン	$364.00
バニラ	$8.00
クローヴ	$4.00
カルダモン	$3.75
コショウ	$3.75
タイム	$2.75

１オンス（約28グラム）当たりの価格。単位はUSドル
2013年の市場価格に基づく

仏教の法衣は、サフランではなく、ターメリックとパラミツで染められることが多い。清貧を旨とすれば、1ポンド5000ドルもする高価なサフランは使わないだろう。

スパイスは東アジア原産のものが多いが、サフランの場合は地中海沿岸だ。５万年まえのイラクの洞窟画にサフランを描いたものがある。古代ギリシアの女性は､衣類をサフランで染めるのを好んだ。ホメロスは『イーリアス』で、夜明けを「サフランの衣をまとっている」と表現し、古代ローマの浴場にはサフランの香りが漂っていた。中世になると、サフランの顔料が写本の彩色に使われている。また、時代を問わず、サフランにはさまざまな薬効があると信じられ、歯痛薬や興奮剤、催淫薬として利用された。

糸のようなサフラン・スパイス

交通安全のために使われる蛍光オレンジのポールコーン

蛍光オレンジ

太陽が高く昇っている日中は黄色がまぶしく華やかだが、夜明けと日没時には、オレンジ色が際立って見える。背景が青空や海、あるいは氷原の場合は、ほかのどんな色よりもオレンジにひきつけられるだろう。救命胴衣、救命具、救命ボートなどの非常用装備にオレンジ色や蛍光オレンジが多いのはそのためだ。蛍光色は遠くからでも視認でき、紫外線がもっとも多い夜明けや日没はとりわけ目立つ。そこで建設現場のコーン、囚人服、交差点の警官や交通指導員のベストの色には、蛍光オレンジが使われることが多い。

ゴールデンゲート・ブリッジは、おそらく世界でもっとも美しいオレンジ色の建造物だろう。背景の丘の灰黄色にとけこみ、かつ空の色、海の色と美しいコントラストをなすようにと、深いオレンジ色が選ばれた。この色は“インターナショナル・オレンジ”と呼ばれ、補修塗りの後、塗装作業は1980年代に完了した。

地球
EARTH

わたしたちの惑星を上空から見おろすと、茶色の土と岩、ベージュの砂、波打つ青い海原、白い頂の山々におおわれている。

そして地表に降りてみれば、まさしく“アースカラー”でいっぱいだ。大きな岩も小さな石もさまざまな色合いを見せ、紺碧の大海には氷山がそびえて、流れる川はときに白くなったりもする。土——地球の皮膚——もカラフルで、“土色”などという暗いイメージとはほど遠い。

これらの色はどれも、生物がこの惑星で息づくまえの原始の姿を教えてくれる。一方、動物はといえば、視覚を発達させてはじめてこれらの色を区別できるようになった。

底面の色がアクアブルーのスイミングプールで、水の色そのものが青いということはめったにないだろう。柳の枝からしたたり落ちる水は苔のような緑色に見え、こごえる冬の日の湖は黒く、どぶ川は濁った茶色に見える。大海原はアクアブルーから、透明な水色、深い緑色までさまざまだ。ただ、湖や海に関しては、その名称どおりというわけでもなく、たとえば紅海の海水はけっして赤くない。

水素と酸素からなる水の分子は、赤、オレンジ、黄色の光を吸収し、青と緑を反射する。そのため一般に、水は青から緑のあいだの色に見えるのだ。しかしこれは基本の話で、水は光を散らし、反射し、独自の反射特性をもつ物質をたくさん含んでいることがある。また、空の色や水中の波の量、そして季節や一日の時間帯によっても、水の色は変化する。

水中に藻や微生物、沈殿物などがあると、水の色はときに微妙に、ときに激しく変化する。たとえば、氷河が岩を削りとり、その岩粉が流れる川に入ると水は白濁し、季節や場所によって灰色に見えたり白に見えたりするだろう。しかし、水があまり動かない湖に入ると、レイリー散乱（62ページ参照）によって、湖面は鮮やかなターコイズブルーになる。

スコットランドのスカイ島にある峡谷グレンブリトル。
流れのゆるやかな深い川の淵で、底にある岩や石まできれいに見える。

藻類の色は、赤や黄緑、青緑、褐色などさまざまだが、これが繁茂すると、水が色づいて見えることがある。プランクトンも同様で、紅海をはじめ、世界各地にある“ピンクの湖”や赤潮など、水が赤っぽく見える原因はプランクトンや藻類だろうといわれる。

アマゾン川の支流、リオ・ネグロは「黒い川」という意味だが、実際は黒というより褐色に近い。褐色の川は各地にあるが、リオ・ネグロは腐敗した植物が分解してこのような色に見えるらしい。大量の腐敗植物が、水に入ってくる光の大半を吸収し、黒く見えてしまうのだ。

含まれている物質（色に影響しない塩を除く）が比較的少なければ、水面から深い部分までが美しく澄んだ青色を呈するだろう。このような水域では、水中に侵入してくる光の波長を大きく邪魔するものがない。それでもレイリー散乱は起きるので、青い光が散り、水は青く見える。

海の色がどんなに違って見えようと、
波はかならず白い。それはなぜか？

光の反射の問題だが、この場合は球——すなわち泡も関係がある。たとえば、シャボン玉を思い出してみてほしい。一つひとつの泡が内側と外側の光の反射によって虹色に輝く。そして泡が大量に集まると、波長がまとまりあって白い光をつくるのだ。

雪が純白に見えるのは、結晶（上）がすべての波長の光をはねかえすから

光のはねかえりと白雪

水ほど色が変化するものはないだろう。その時々の状態（液体、気体、固体）によって、動きや反射パターンがじつにさまざまだ。

雪が降り積もったばかりの戸外に出てみたら、おそらく目がくらむほどまぶしいにちがいない。日光が雪に当たって、ほぼすべての波長の光がわたしたちの目に飛びこんでくるからだ。雪は小さな結晶からなり、それがオリンピックの卓球選手さながら、光をはねかえす。降ったばかりの雪は密度が低いため、光は雪から飛び出しやすい。

これが氷河になると雪とは違い、光はまったくはねかえらない。そのかわり、光は氷河の固い結晶のなかにとりこまれ、そこから屈折してスペクトルの全色に分かれる。といっても、スペクトルの端にある低エネルギーの波長（赤）は密度の高い結晶に吸収され、青や紫など高エネルギーの短波長は吸収されない。その結果、氷河はみごとなターコイズブルーに見え、光の散乱が大きな割れ目やクレバスではとりわけ鮮やかになる。

赤やオレンジの光の波長はエネルギーが低いため、タスマン氷河のぎっしり詰まった結晶からなかなか出ることができない。緑や青、紫など、高いエネルギーをもつものが結晶から飛び出して、さまざまな青色を見せてくれる。

岩も姿を変える

鉱物は、岩石というビルをつくりあげるブロックだ。建設された岩石が地下の深いところで溶けるとマグマになり、マグマが地表に噴き出して火山になる。そしてマグマが冷えて固まったのが火成岩だ。ビル建設は大量の労働力を必要とするが、地球は40億年ものあいだ、そうやって岩石をつくってきた。また、わたしたちの皮膚に表皮という薄い膜があるように、地球にも、岩石からなる外殻がある。

この外殻をつくる岩の多くは、かつては地下のマグマのような溶けた液状のものだった。液体の状態では、鉱物はさらされる圧力や温度によって形が変わる。さまざまな鉱物の組み合わせや集まり具合によって、できあがる岩石のタイプは異なり、ほぼすべてのタイプが色をもつ。色が決まる要素は、温度や加わる圧力、あるいは遷移金属（周期表の３族〜 11族）の有無などだ。

融解した岩石（メルト）には、その状態の化学組成がある。そしてある温度で凝固すると、成分によってさまざまに変化する。固まる過程や冷える割合で、岩の鉱物の光沢や色が変わり、ゆっくり冷えるか急速に冷えるかでも違ってくる。たとえば、二酸化ケイ素をもつメルトは石英をつくる。メルトが火山噴火で急激に固まると、不透明で白い岩石ができるが、時間をかけて（百万年以上）ゆっく

岩石のたどる道

岩石は鉱物が集まったものだ。そして大きく３種類——マグマや溶岩が冷えて固まったもの（火成岩）、川や海によって流された物質が押し固められたもの（堆積岩）、もともと火成岩や堆積岩だったものが温度や圧力で変化したもの（変成岩）に分けられる。融解からどのような道のりをたどって３種類の岩石ができるかを概観してみよう。

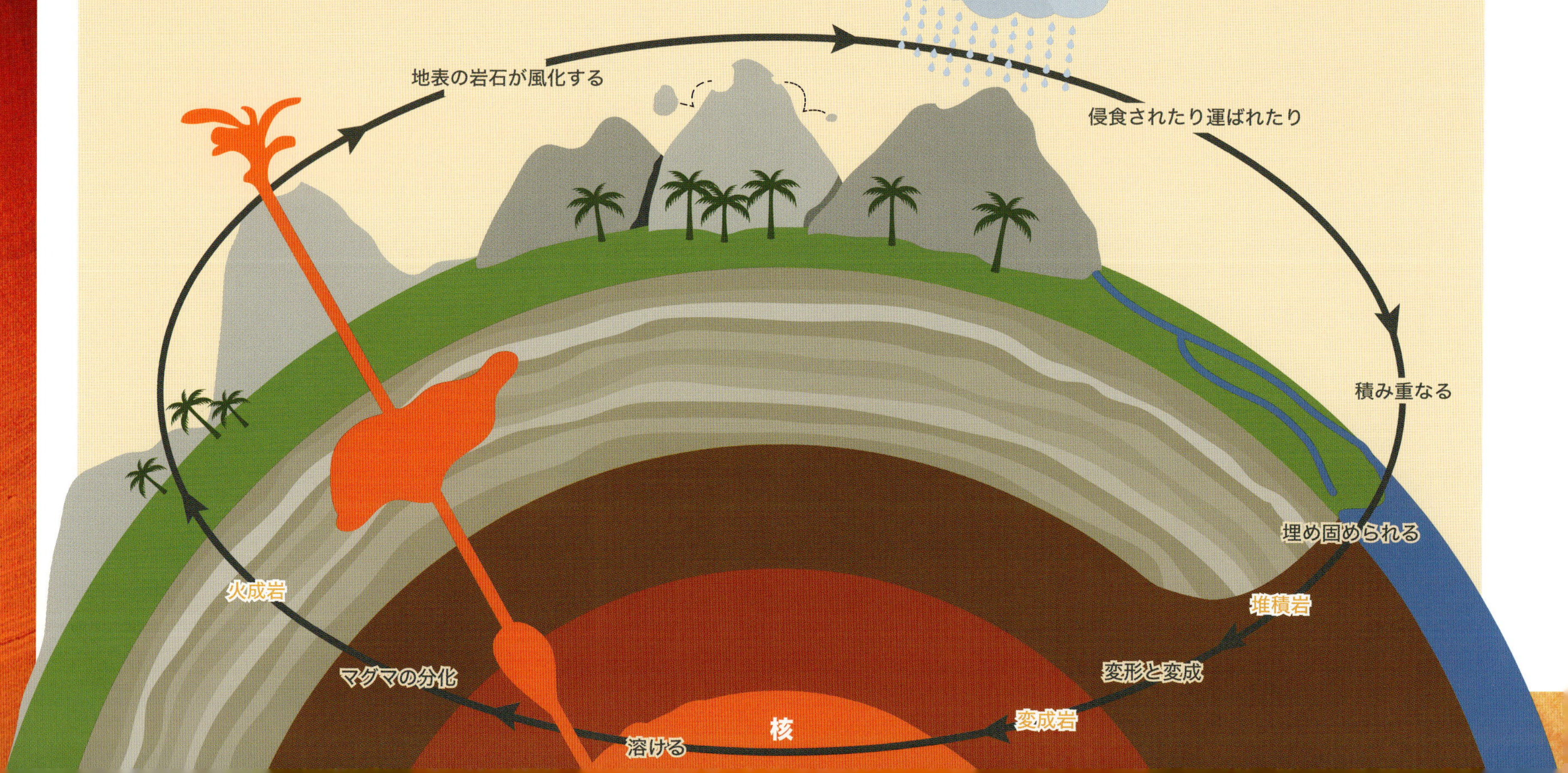

り冷え固まると、六角柱状の透明な石英結晶となり、色は灰色からバラ色までさまざまだ。

　鉱物ごとに化学組成は異なるが、圧力が加わると内部の構造が伸び、引っぱられ、曲がり、変形する。そして変形すると光の反射も異なってくる。透明で熱伝導率の悪い石英の場合、造山運動などの地殻変動によって構造が変化し、熱伝導率のよい珪岩になる。

　凝固する割合や圧力のほかに、温度によっても色は変わってくる。温度次第では、ほかの元素が加わって構造変化が起きるからだ。このような発色元素が、たとえば鉱物の色を透明から紫に変えてしまう。透明な石英が、微量な鉄イオンによって色がつき、アメシスト（紫水晶）になるのだ。

　岩石の鉱脈は、岩石がつくられている最中、その割れ目に高温のガスや種々の溶質（ケイ素、炭酸イオンなど）を含む熱水が入りこんだもので、色合いはその溶質に左右される。

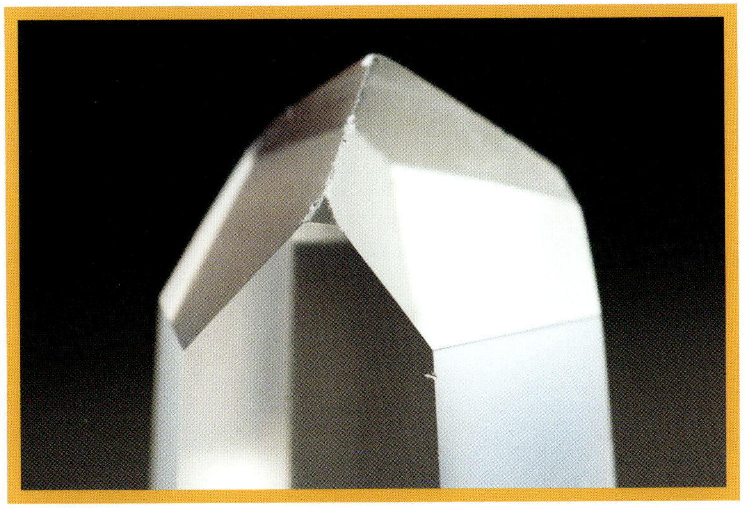

透明な石英（上）と、その仲間の白い珪岩（下）

アメシストは、鉄イオンによって着色される

大理石は変成岩の一種で、石灰岩が熱によって再結晶したものだ。色の組み合わせはじつにさまざまだが、なかには鉱脈にしか見られないものもある。鉄やマグネシウム、シリカなどがすばらしい色合いをつくりだす大理石は、古代から彫刻や建築に使われてきた。

砂の色はベージュだと思いがちだが、構成する鉱物によって違ってくる

では、岩石のかけらである砂の色はどうだろう？　砂は鉱物からなる粒子で、シリカのような一種類の鉱物からなるものもあれば、複数の鉱物からなる場合もある。粒子の直径が0.0625～2ミリのものを砂と呼び、0.0625より小さいものはシルト、2ミリより大きいものは礫（れき）という。砂の色は何種類くらいあるのか？　これはもう、砂を構成する鉱物の数と、その組み合わせの数だけあるといっていいだろう。

宝の石

ただの石と宝石はどこが違うのか？　一般には、外見がとりわけ美しい鉱物を宝石と呼ぶ。それが純粋の結晶（ダイヤモンドなど）であろうが、非結晶質（オパールなど）であろうが、光を美しく屈折させれば宝石とみなされる。

結晶の場合、原子の配置が規則正しく、結晶軸の交差角度は決まっている。そのため、特定の結晶からなる宝石はどこで発見されようと同じ構造をもち、そのパターンから区別がつけられる。93ページのアメシストはその例で、結晶が六角柱の面を接してピラミッドのように集まり、すばらしい外観となっている。太古より、アメシストがひときわ愛されてきたのもうなずけるだろう。

見た目は違えど同じ石

乾いた石より濡れた石のほうがカラフルなのはどうしてだろう？　これは石がレイリー散乱ではなく、種々の波長の光を散乱させるからだ（非選択的散乱）。自然にある石は小さなものでも表面はざらざらしているので、ある程度まで光を非選択的散乱させる。一方、表面が濡れていると散乱が弱まり、肉眼でも石の細かい部分が見えるようになる。同じことは、石や宝石を磨くときにも起きている。表面がなめらかになると、よりはっきりと細部まで見えるのだ。

カットとカラーと輝きとお値段！

宝石	価格
エメラルド	$2,400−$4,000
ルビー	$1,850−$2,200
サファイア	$900−$1,650
アメシスト	$10.00−$25.00
真珠	$5.00

価格はカラット当たりの卸値（2010年１月）。
出典：USGS Mineral Resources Program

宝石の色が驚くほど多彩であるのは、大きくふたつ――含まれる発色元素と光学的効果のおかげである。すでに記したように、微量でも発色元素があると、無色のものでもさまざまな色合いを呈するようになる。透明無色のことが多い緑柱石に微量のクロム・イオンが加われば美しいエメラルドになるし、コランダム（鋼玉）にクロム、酸化アルミニウム、無色の鉱物が加わればルビーになる。また、コランダムに少量のチタン、鉄、マグネシウム、銅のイオンが加わったものがサファイアだ。

緑柱石＋クロム＝エメラルド

コランダム＋クロム＝ルビー

コランダム＋鉄やチタンなど＝サファイア

宝石は可視光の一部を非常に強く反射するため、色鮮やかに美しく輝いて見える。含まれる元素によって発色は異なり、鉄の場合は赤、緑、黄色、青（たとえばアクアマリン）、クロムは赤と緑（ルビーや緑色のヒスイ）、銅は緑と青（マラカイトやトルコ石）、マンガンは赤、ピンク、オレンジ（赤系のトルマリン）のもととなる。

鉱物と宝石と

銅、クロム、マンガン、鉄のおかげで、宝石は美しい色を放つようになる。これらのイオンがほんの少しあれば、無色の鉱物は鮮やかな色をもつ宝石と化す。

銅

トルコ石

アクアマリン

サファイア

マラカイト

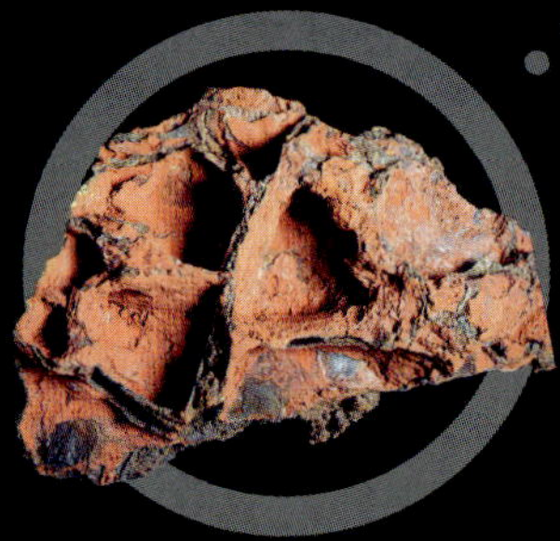

鉄

ガーネット

ルビー
クロム
エメラルド
トルマリン
ヒスイ
アメジスト
マンガン

花火と同様に、元素の違いによって炎の色も違ってくる。銅の青緑色からナトリウムのオレンジ色まで、炎はけっして一色ではない。それどころか、虹にも負けないさまざまな色を見せてくれる。

イエロー
YELLOW

数ブロック向こうからタクシーがやってきた。あなたは手をあげてそれを停め、後部座席に腰をおろす。と、ドアが閉まりきらないうちに、運転手は急発進。タクシーは猛スピードで道路を駆け抜けていく。すると前方に、危険なカーブがあることを示す道路標識が見えた。運転手はブレーキを踏み、減速する。しばらくすると、今度はフォークリフトが見えてきて、運転手はふたたび速度をおとした。あなたは鞄から書類をとりだし、フセンがついたページをめくる。そのページには、どこに署名をすればよいかが、マーカーで示してあった。タクシーに標識に、フォークリフトにフセンにマーカー……。あなたと運転手の目を引くものは、どれも黄色だ。かつて黄色い輝きは皇帝たちを魅了し、ベストセラーの鉛筆を生み出した。そしていまも、わたしたちの目を引きつけ、注意を喚起する。

数ある色のなかでも、黄色はひときわ目立つ。わたしたちの目は、黄色として感じる光の波長域に対し、もっとも感度がよくなるからだ。たとえば、淡い黄色と淡い青を並べて見た場合、おそらく黄色のほうが鮮やかに見えるだろう。これは青に対する感度が黄色よりも弱いことを示している。同じ理由から、青よりも黄色のほうが微妙な色合いの違いを区別できる。

人間は太古から、黄色を見分けてきたにちがいない。専門家によれば、木々の緑の葉と、黄色やオレンジ・イエローの果実を区別するため、黄色に対する感度が向上したらしい。この種の果実は、花粉を運ぶ動物や鳥には大きすぎ、一方で人間は、黄色に対する感度を高めた。

皇帝の衣装

世界四大文明の発祥地のひとつ、中国には、黄色にまつわる長い歴史がある。その最古の代表格は、中国を統治した最初の帝といわれる黄帝（こうてい）だ。紀元前26世紀、黄帝の治世下で、中国の文明は根を張り、発展したという。

実在したのかどうかはさておき、黄帝は中国文化で重要な役割をもつ色をその名に冠している。古代の哲学から漢方まで、太極拳から風水まで、あらゆるものに“五行思想”は流れているが、この五行思想による五色のうち、黄色はひときわ優れた色とされる。五色とは青・赤・黄・白・黒で、黄色は中央を表わし、陰陽が等しく、他の４色にはない特質を有する。また、黄金とも結びつき、富と豊潤をもたらすのが黄色だ。

７世紀の唐の時代から20世紀の清の時代に至るまで、皇帝以外は鮮やかな黄色の衣を着ることが禁じられた。黄色のほかの色合いは、皇帝の息子たちの専有だ。衣装はもとより、壁も屋根も黄色で彩られ、皇帝は文字どおり黄色に囲まれて暮らした。

このように、黄色を尊い人物の色とした中国に対し、ほかの文化

中心をなす黄色

五行思想では、黄色は土、中央、龍、調和、安定に結びつけられる。

ジュゼッペ・カスティリオーネが描いた乾隆帝（18世紀）。カスティリオーネはイタリアのイエズス会の宣教師で、清朝の宮廷画家を務めた

紫禁城を上空からながめると、黄色一色だ

ではもっと低く扱われた。明るい黄色は、歴史に残る暗い出来事に頻繁に登場する。何百年ものあいだ、イスラム教徒は自分たちとは違う“他者”を黄色で見分けた。この風習は9世紀にまでさかのぼり、当時のバグダッドのユダヤ人とキリスト教徒は黄色いバッジをつけられた。その後、ほかの地域にも同様の習慣が広まってゆく。13世紀には、イングランドのエドワード1世が、ユダヤ人に黄色い布を身につけるよう強制し、16世紀のインドでは、アクバル大帝の臣下の将軍が、イスラムの規範のもとで、ヒンドゥー教徒に黄色い腕章をつけさせた。そして1930年代には、ナチスがユダヤ人に対し、黄色い“ダビデの星”の腕章かバッジを義務づける。こんにちでもなお、タリバーンはアフガニスタンに住むヒンドゥー教徒を区別するのに黄色い腕章を用いる。

ナチスの支配下で、ユダヤ人が強制的につけさせられた腕章のパッチ

平和の帽子

黄色は人種を分けるときに使われたりもするが、帽子の色として平和を象徴することもある。世界でも有数の平和的な宗派といえるチベット仏教のゲルク派では、ラマ（“師”の意）は伝統的に黄色い帽子をかぶる。ゲルク派は

14世紀にツォンパカによって創始され、17世紀にはダライ・ラマ５世のもとで最大宗派となった。この偉大なるリーダーはチベットを統一し、宗教的、政治的権力を握る。

とはいえ、ゲルク派が帽子の色を黄色にしたことに、象徴的意味合いはとくにない。他の古い宗派が赤い帽子をかぶっていたため、黄色を選んだにすぎないのだ。現代でも、黄色い帽子の有名な宗教的指導者といえば、やはりダライ・ラマだろう。

黄色いクルマ

レンタカー会社ハーツの黒と黄色のロゴは、広告代理店が考案したものではない。創業者ジョン・ハーツが黄色にこだわり、そのこだわりは1915年にさかのぼる。

経典の色

仏教の経典では、白、黄、赤、藍の４色が使われることがある。黄色は上昇（富と健康、知識と英知）を表わし、白は平和、赤は力、藍は怒りを表わす。

ゲルク派の僧侶、チベットのシガツェ市

ヒマワリといえば南フランスを思い浮かべる人が多いだろうが、原産は北アメリカだ。凛々しく美しい一年草は、現在のアリゾナからニューメキシコに至る地域に住むインディアンたちによって、紀元前3000年ごろから栽培されるようになった。種子は栄養に富み、約30グラムで160キロカロリー。またその油は、食用油をはじめ、化粧品やディーゼル用の燃料などさまざまなものに利用されている。

イエロー・キャブ・カンパニーの黄色いボディの車は、黒ばかりの紙面でも目立つ

この年、ハーツはシカゴでタクシー会社、イエロー・キャブ・カンパニーを創立。車はどれも明るい黄色に塗られた。歴史家のなかには、当時ほかの町ではすでに黄色いタクシーが走っていたという者もいるが、通説では、歩行者の目をひく黄色をトレードマークにしたのはハーツが最初だ。ハーツは資金を投じてまで、遠方からでも目につきやすい色は何色かを研究させたともいわれる。その成果か直感かはさておき、ハーツの選択が正しかったことは歳月が証明し、いまではフィリピンやルーマニア、ウルグアイの町並みでも黄色いタクシーが走っている。

形は変われど……

20世紀、タクシーの車種はめまぐるしく変わった。といっても、最初期の1910年ごろをのぞき、車体に黄色が使われるのは今も昔も変わらない。

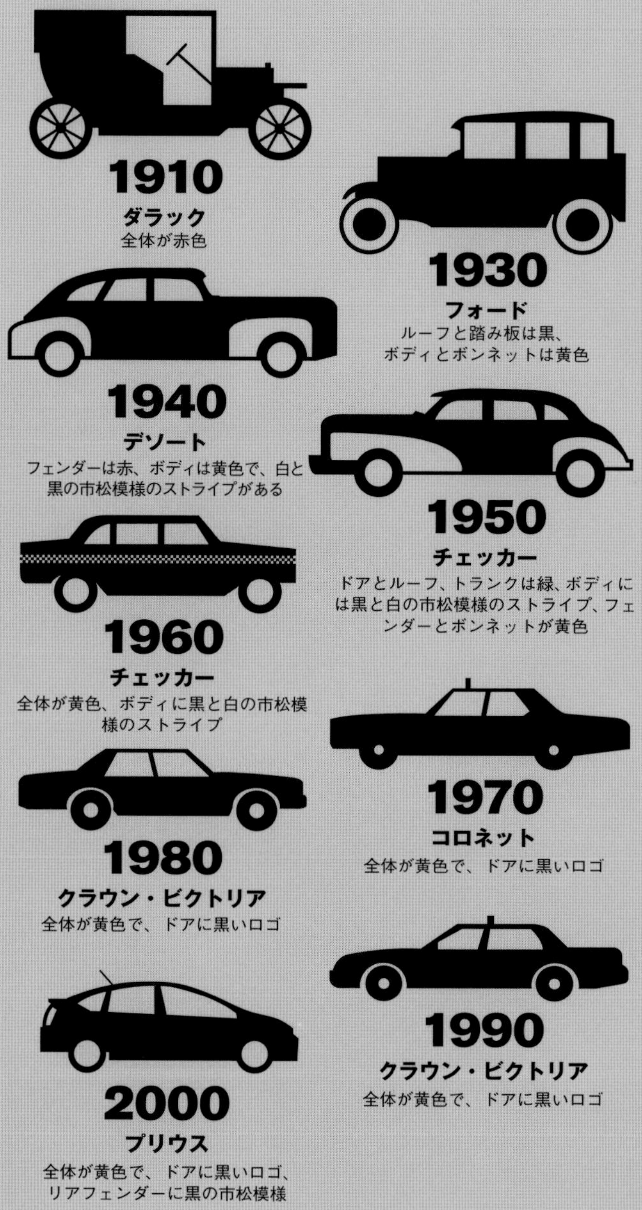

最初のコヒノールの鉛筆

ベストセラーの鉛筆

標準的な鉛筆１本で、約４万5000語——およそ短編小説１作ぶんを書くことができる。しかし、黄色い鉛筆だったら、もっとたくさん書けるのでは？　と、思ってしまうような非公式の研究結果がある。鉛筆の歴史をたどったヘンリー・ペトロスキーの著書（*The Pencil*）によると、とある鉛筆メーカーが、外見が黄色と緑の鉛筆を従業員に配って感想を尋ねたところ、緑のほうに不満が多かった——よく折れる、削りにくい、硬くて書きにくい。しかし、外見の色が違うだけで、ほかはまったく同じなのだ。黄色のほうが意識に染みこみやすく、“鉛筆らしさ”で緑に勝った。

黄色い鉛筆といえば、やはり高品質で知られるコヒノールだろう。

コヒノールの鉛筆あれこれ

コヒノールという社名はインド産の大きなダイヤモンドにちなんでいる。鉛筆の芯の黒鉛は、鉱物のなかで最強の硬度を誇るダイヤモンドと同じく、炭素からできているのだ。

中国産の高質の黒鉛を使ったコヒノールの鉛筆は、価格が他社の３倍はした。木部が黄色なのは中国に対する敬意か、オーストリアで製造されたからかもしれない。オーストリア帝国の国旗はゴールドと黒だったので、黒鉛の黒と木部の黄色の組み合わせは愛国心の表れとも考えられる。

コヒノール以前、黄色にかぎらず色のついた鉛筆は、無色のものに比べて二級品とみなされた。木部に質の良い木材を使えば、わざわざ色を塗って隠す必要などないからだ。しかし1890年、コヒノールが黄色に塗り、93年のシカゴ万国博覧会に出品すると、美しさと耐久性が絶賛された。無色の鉛筆はこれに太刀打ちできず、それはこんにちまでつづいて、市販されている４本のうち３本は黄色だ。

黄色の輝きを放つ筆記具は、なにも鉛筆にかぎらない。1960年

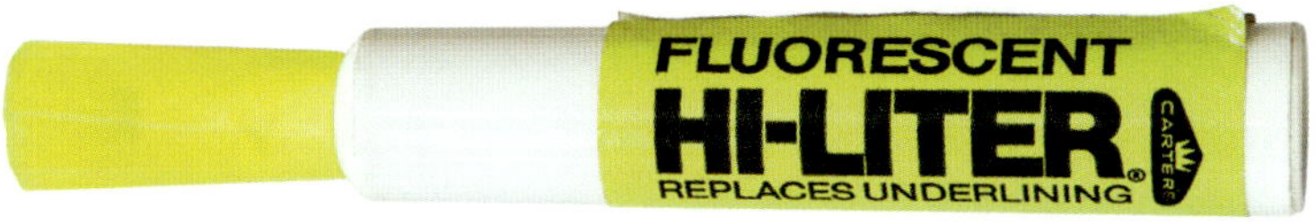

代初期には、新しいタイプの水性インクが登場し、教科書やノートの文字に色をつけられるようになった。といっても、多少くすんでしまい、紙面にとけこまない。この点で、黄色は申し分なかった。色は目立つが、かといって黒い文字の邪魔をしないのだ。

アメリカでこの種のペンを最初に開発したのは、カーターズ・インク社だった（1963年）。製品名は「ハイ・ライター」で、その後、これはメーカーを問わない一般名称“ハイライター（ハイライト・マーカー）”となる。1970年代にはさらなる進化を遂げ、仕事や勉強にうってつけのペンが誕生した。エイブリィ・デニソン社の蛍光顔料のマーカーだ。塗られた文字は読みやすくなるうえ、きらきら光って見える。

教科書や参考書にマーカーを引くと、頭に入ってきやすいような——という感想は当たっている。マーカーで強調された文字を読むと、脳の視覚系が言語システムと交わり、脳回路が通常よりはるかに活発になって、読んでいるものを記憶しやすくなるのだ。

〈ニューヨーク・ジャーナル〉に掲載されたリチャード・F. アウトコールト作の“イエロー・キッド”。1896年

読んでもらいたがっている黄色は、ほかにもある。ニューススタンドでタブロイド紙をながめれば、いわゆる“イエロー・ジャーナリズム”が目につくだろう。扇情的で大げさな見出しは、売上部数を伸ばすための戦術だ。そして虚実入り乱れていようとなんだろうと、この戦術はうまくいく。

それにしても、なぜ“イエロー”ジャーナリズムなのか？　話は1890年代にさかのぼる。センセーショナルな報道の仕方は、ウィリアム・ランドルフ・ハーストとジョーゼフ・ピュリッツァーの部数争奪合戦に、印刷スピードの高速化があいまった結果生まれたものだ。そして“イエロー”の呼び名も、ふたりの対抗心の所産といえる。当時、ピュリッツァーの〈ニューヨーク・ワールド〉紙では、新種の黄色インクで印刷された、R. F. アウトコールトの連載漫画の主人公「イエロー・キッド」が大人気だった。ところが1896年、ハーストが作者のアウトコールトを「イエロー・キッド」ともども自社の〈ニューヨーク・ジャーナル〉紙に引き抜いたのだ。これに怒ったピュリッツァーは、べつの漫画家の手になる「イエロー・キッド」を自紙で継続連載させる。このあからさまな張り合いと、黄色いインクのイエロー・キッドから、イエロー・ジャーナリズムと

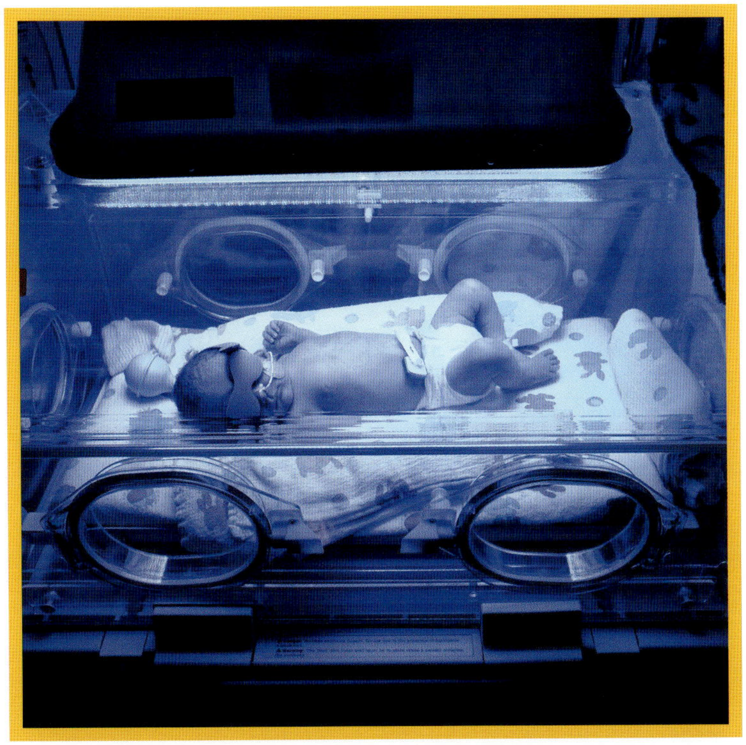

アイマスクをつけて、黄疸の光線療法を受ける新生児

いう言葉が生まれた。

ふりそそぐ日光と赤ん坊

生まれたばかりの赤ん坊に、皮膚が黄色みをおびる黄疸の症状があるのは、とくに珍しいことではない。原因はビリルビンという黄色の物質で、人間の皮膚や体液にふつうに存在する。赤血球が分解されたときにできる副産物で、血液によって肝臓に運ばれ、胆汁（黄色い）の成分となり、その後、体外へ排泄される。しかし、生まれたばかりの赤ん坊は、肝臓が十分に発達していないことが多く、結果として排泄されずに体内にとどまってしまう。余分なビリルビンは赤ん坊の皮膚を黄色っぽくするだけでなく、血液の流れにのって脳にたどりつき、難聴などの症状を引き起こす場合もある。

新生児が黄疸にかかりやすいのは、長年の謎だった。しかし1956年、ロックフォード総合病院（イギリスのエセックス）で未熟児の世話をしていた尼僧J.ウォードが、驚くべき発見をする。新鮮な空気には治癒力があると信じていたウォードは、赤ん坊を保育器から出してちょくちょく散歩に出かけていた。するとそのうち、赤ん坊の皮膚で日光を浴びた部分は黄色みが消え、衣類でおおわれている部分は変化がないような気がした。その後、彼女の勘は正しかったことが証明される。病院の研究所で、黄疸症状の強い赤ん坊から採取した血液を試験管に入れて実験したところ、日光に長い時間さらせばそれだけ、ビリルビンの濃度が下がったのだ。

ビリルビン分子は、日光の短い波長（青色）を吸収すると構造が変化し、脂溶性から水溶性に変わる。その結果、余分なものが尿とともに排泄されるというわけだ。近年は、黄疸症状のある赤ん坊には光線療法が施されている。青い光を当てて、ビリルビンの値を下げる治療法だ。黄色い太陽が、かわいい赤ん坊から黄色みをとりのぞいてくれることに、わたしたちは感謝しなくてはいけない。

光が治癒するイエロー

健康な満期産児の生後３～５日におけるビリルビンの値は、おおよそ12mg/dl 以下（基準値は国や施設によって幅がある）。

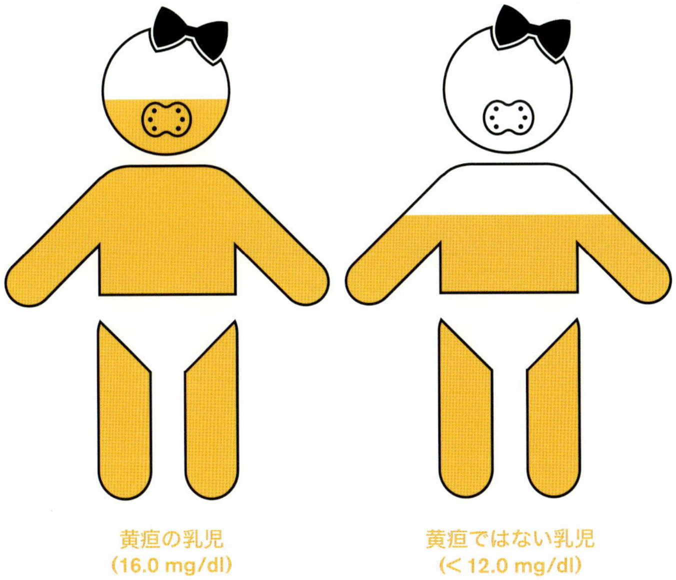

ヒンドゥーのヴァサント・パンチャミは、春の訪れを祝う祭り（直訳すれば「春の５日め」）。町には黄色いドレスを着た女の子たちの笑顔があふれ、畑では一面、黄色い菜の花が咲きほこる。春は誕生と幸福の季節だ。

植物
PLANTS

冬はモミの深緑、早春には鮮やかな黄緑の新芽と色とりどりのかわいいつぼみ。そして夏が来れば花開き、実がなって、秋の葉は紅や黄色に染まってゆく。春夏秋冬、どの季節にもそれぞれの美しい色がある。

　植物の世界に目をやれば、木の葉も草も、花も果実も、ほんの小さなものでさえ、じつにさまざまな色合いに満ちている。青空を背にした虹ですら色あせ、単調に思えるほどだ。

　とはいえ、色合い豊かな植物界で、なくてはならない色をひとつだけあげるとすれば、命を支える緑だろう。この惑星にすむ生物は、緑に頼って生きているのだ。そこで、少し考えてみたい。大都会や工業団地、道路網など、わたしたち人間がつくったもので、緑の木々や草花は、窒息しかけているのではないか。

北極圏から砂漠、熱帯雨林から大草原、そして大洋からせせらぎまで、植物は想像を絶するほどさまざまな条件のもとで生きている。光あふれる場所もあれば、昼間でも真っ暗な場所、一年の大半が氷に閉ざされている地域、水がほとんどない灼熱の地——。

植物は、自分たちの手に入るもので間に合わせなくてはいけない。そうやって彼らは進化し、長い時間をかけて、直面する環境に適応してきた。毛深い、つるつる、でこぼこ、きらきら、どんより、といったものはどれも、すんでいる環境と、与えられる光を最大限に活用した結果だ。鬱蒼と繁る熱帯雨林の、ほとんど光が射しこまない場所で、虹色にきらめく植物もある。

葉であれ、花、果実であれ、植物と色の関係は、その環境のみならず、化学作用や受粉について、ときには地球上の動物の起源をも、わたしたちに教えてくれる。

なぜ植物は色とりどりなのか

藻類は複雑な構造の植物が生まれる基礎となっただけでなく、現在わたしたちが目にする草木の豊かな色合いの源にもなった。赤から緑、茶色まで、藻類の色はいくつものグループに分けられ、そのグループのなかでもさらに、微妙な色合いの違いが数知れずある。この違いは色素によるもので、色素は植物だけでなく動物の色も変えていく。

藻類から出発して、こんにちわたしたちが目にする膨大な種類の

小粒で輝く

ポリア・コンデンサタは小粒のベリー種だが、太陽の光を思う存分はねかえし、美しい羽をもつ蝶のモルフォチョウですら、そのきらめきにはかなわない。科学者も輝度を測れないほど、世界でもっとも輝く生物といわれている。

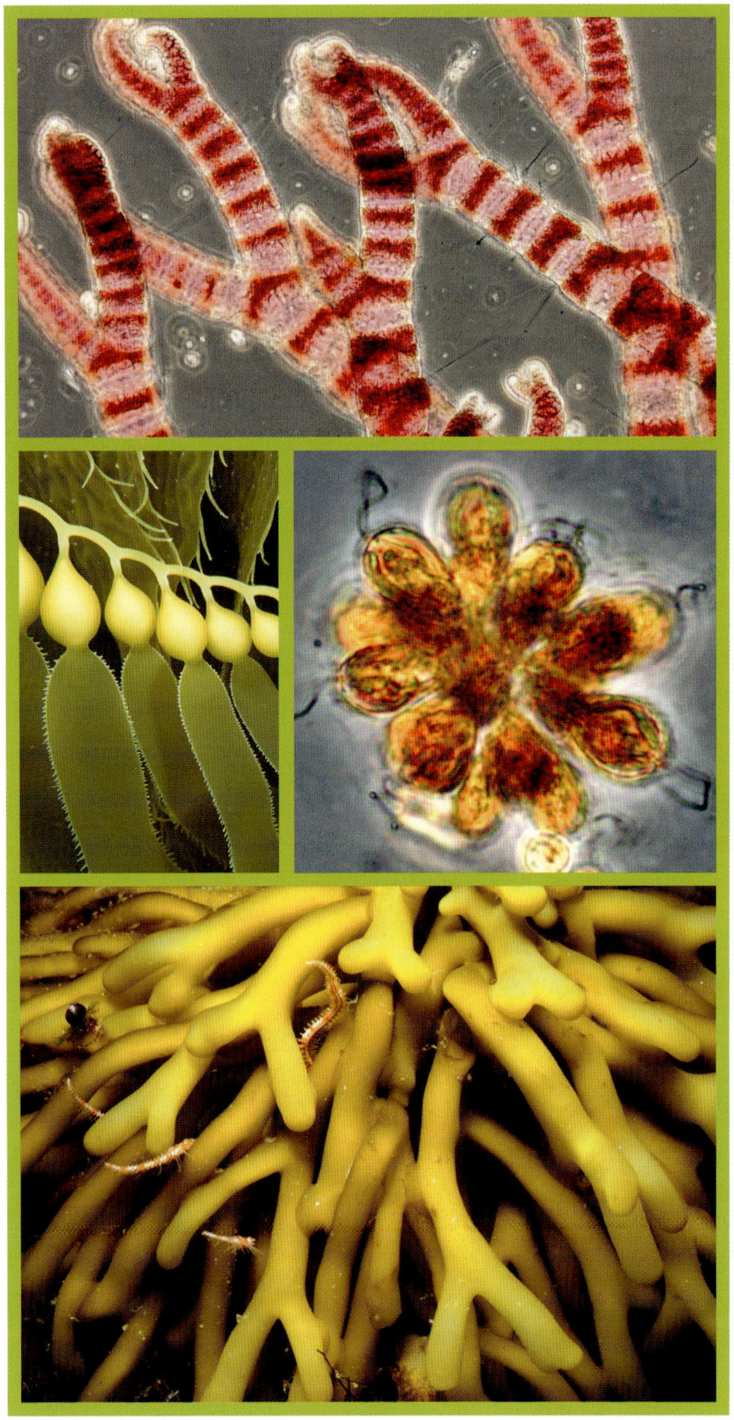

藻類は、マイクロメートル単位の珪藻から“海の森”をつくるコンブまで、形も大きさもバラエティに富んでいる。写真は上から時計回りに――紅藻、シヌラ藻、ブルケルプ、オオウキモ

アムボレラ・トリコポダは世界最古の被子植物といわれる。被子植物は裸子植物から分化したが、祖先と違って美しい花びらをもつ花を咲かせ、胚珠が子房にくるまれている。また精細胞もふたつあり(重複受精)、被子植物は環境へうまく適応しながら繁栄してきた

花や果実に進化するには、それはもう長い歳月がかかった。

植物は最初から色合い豊かだったわけではない。恐竜が大地をのんびり歩いていたころも、哺乳類や鳥類が誕生したころも、花々は少しずつ着実に進化をつづけた。植物に含まれている色素は、太陽の紫外線から身を守るために進化したといわれている。つまり色素が日焼け止めの役目を果たしたのだ。そして動物が産声をあげたあとは、色によって彼らをひきつけ、受粉と種まきを手伝わせた。

色素は植物の細胞のなかにあり、その化学構造が独自のかたちで光に反応して、一部の波長を吸収・反射する。カロテノイドやフラボノイドという言葉を聞いたことがないだろうか。どちらも天然色素だが、人間の健康にもよいことで知られる。免疫力を高め、抗アレルギー、抗炎症、抗酸化作用があり、癌の予防効果も期待されている。「虹を食べよう!」――つまり、からだのためにはいろんな色の野菜やフルーツを食べるのがよい、とさかんにいわれるのは、そのためだ。しかし、なかでもとりわけ、地球上の生物にとって大切なものがひとつある。

クロロフィルの重要性

クロロフィル(葉緑素)は、植物のあらゆる色素の母といってよい。植物なら色は緑——となるのも、クロロフィルがあるからだ。では、クロロフィルがあるとどうして緑色になるのだろう？　クロロフィルが吸収するエネルギーは、可視光の長い波長（赤）と短い波長（青）がもとになっている。植物のほとんどすべてがクロロフィルをたっぷりもっているので、残りの中央の波長——すなわち緑の光を反射するのだ（老いた植物は除く）。クロロフィルには、青緑のクロロフィルａと黄緑のクロロフィルｂの２種類があり、クロロフィルａはバイオレットから青、オレンジから赤の光を、クロロフィルｂは

深い森に足を踏み入れると、花が咲きみだれる以前の世界のようすを感じとれるかもしれない

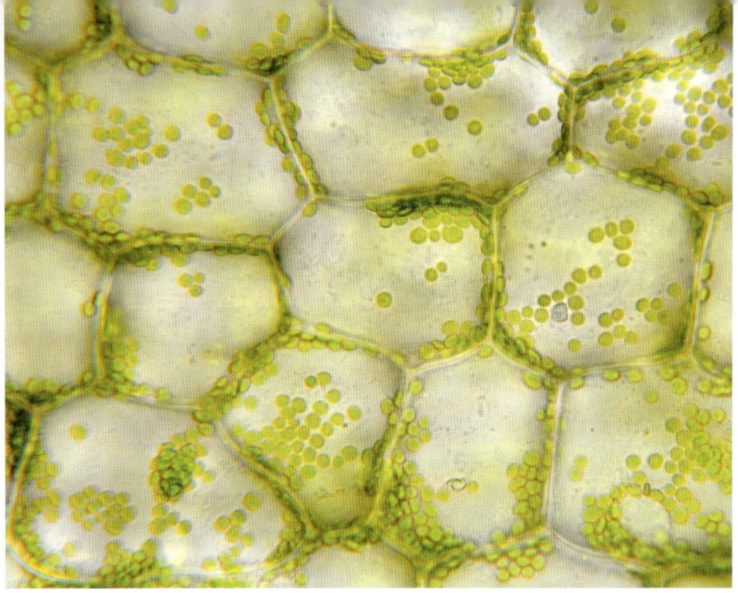

クロロフィルは、植物の細胞のなかにある葉緑体(写真)に含まれている

青とオレンジの光を吸収する。これは植物が、その環境で得られる光をもとに生き残ろうとする適応力から生まれたものだ。

クロロフィルは、生きていく燃料をつくりだす光合成で中心的役割を果たす。学校で教わったことをおさらいすると、植物はまず太陽の光を吸収する。そしてクロロフィル分子が光のエネルギーを化学エネルギーに変換する。これが光合成で、化学エネルギーは炭水化物のかたちで保存され、植物はそれを燃料にして成長、修復、繁殖していくのだ。

クロロフィルの恩恵をうけているのは植物だけではない。動物たちは植物を食べたり、植物を食べた動物を食べたりして、植物に保存されたエネルギーを使い成長、修復、繁殖するからだ。人間も野菜や果物を食べなくてはならず、先祖はそのことをちゃんと知っていた。動物は植物が提供してくれるエネルギーに頼って進化してきたのだ。

光合成はまた、人間はもとより、地球にすむ生命にとってなくてはならないもの——酸素も供給してくれる。

形は違えどカロテノイド

カロテノイドは光合成のとき、吸収した光エネルギーをクロロフィルに伝送する。光の強度に依存するクロロフィルより、はるかに安定した色素だ。クロロフィルは光が弱かったり、気温が下がると働きが弱まるが、カロテノイドは着実に仕事をこなしていく。カロテノイドが豊富な野菜はニンジンのほかにもトマト、サツマイモ、アカトウガラシ、アプリコット、マンゴー、カンタロープ(メロン)などがある。

ありがたいフラボノイド

フラボノイドの語源はラテン語の“黄色”だが、さまざまな色の植物に含まれていて、代表的なものは赤、紫、青の色をもつ花と果実だ。フラボノイドの一種アントシアニンは、果実

スーパーマン?
いや、あれは野菜だ

ニンジンを食べなさい——。と、昔からよくいわれる。ニンジンがとりわけ健康によいとされるのは、カロテノイドの一種、カロテンが豊富に含まれているからだ。この色素があるために、ニンジンは可視光の短い波長(緑、青、バイオレット)を吸収して、長い波長(赤、オレンジ、黄色)を反射し、オレンジ色になる。また、ニンジンは目にもよい、と聞いたことはないだろうか。皮膚や目に有害で、癌の原因にもなるといわれる紫外線をカロテンが吸収してくれるからだ。

アジサイは、根を張った土壌が酸性かアルカリ性かで、花の色を青や赤に変える

が熟して食べられる状態になったことを動物たちに教えてくれる。

フラボノイドを含んで美しい色を見せるものは、人間の食料にもふんだんにある。カカオにコーヒー豆、紅茶の葉、レモン、グレープフルーツ、クランベリー、ブルーベリー、チェリー、タマネギ、大豆は、そのほんの一例だ。赤や紫のブドウはフラボノイドの代表格ともいえ、赤ワインが健康によいといわれるのもそこからきている。

アントシアニンにはべつの力もある。ともかくpHに対して柔軟なのだ。青いアジサイが赤に、ピンクのアジサイが青になったりするのは、アントシアニンの働きによる。土壌が強い酸性になると、青いアジサイは赤みを帯びる。逆にアルカリ性に向かうと、赤っぽいアジサイは青色になる。そして中性の土壌では、美しい紫に咲く。アジサイをはじめ、アントシアニンが豊富な花は酸性の強弱によって色が変わり、色が変わると吸収・反射する光の波長が違ってくる。

秋の葉のマジック

秋になると一部の植物の葉色が変わるのは、クロロフィルが分解し、ほかの色素が優勢になるからだ。ほかの色素のなかには、緑萌える季節にも葉に含まれているものもあるが、この季節はクロロフィルによっておおいかくされてしまう。そして気候が涼しくなってクロロフィルが消えていくと、ほかの色素が葉を色づける。ニューイングランドの紅葉の美しさは世界的に有名だが、これは木の葉がアントシアニンをどんどんつくって赤色になっていくからだ。アントシアニンはカロテノイドやクロロフィルと違い、大半の植物では、秋になるまで生成されない。

バナナの黒点や、空気にさらされたリンゴ片、淡いベージュや濃褐色のキノコの色は、どれもメラニンが関係している

植物のメラニン

動物がもつ代表的な色素メラニンは、植物でも小さな役割を果たしている。熟したバナナや熟しすぎたバナナの黒点、切って茶色くなったリンゴ、あるいはリンゴの黒い痣は、メラニンによるものだ。そしてわたしたち人間の皮膚、髪、目もメラニンよって色づけられ(199ページ参照)、メラニンが多いか少ないかで、茶色とベージュ、黒と灰色、赤褐色とブロンドの違いが生まれてくる。ただし、鮮やかな明るい色はつくれない。

受粉と種子散布と色彩

植物は、配偶者をさがして求愛行動をとったり、ライバルと戦ったりすることができない。そこで大自然の力や、ほかの生物に頼って繁殖をする。ありがたいことに、自然の水と風は種を散布するのに大きな貢献をしてくれる。ただ、水や風の力を借りる植物は色の幅が比較的狭く、受粉や種子散布を動物に頼るものは、濃淡含めてさまざまな色を呈する。

動物たちは、花・果実の色と、緑の茎・葉とのコントラストにひきつけられる。果実と花は、いわば植物にとっての晴れ着、変装、媚薬なのだ。植物は、貢献度の高い昆虫や鳥の気をひくよう、ゆっくりと時間をかけて色を適応させてきた。

動物を花に誘いこむ方法は、大きく分けて３つある。食糧、敵意、性的誘引だ。そしていったん受粉や種子散布がすむと、植物は当然のことながら休息に入る。エネルギーをつくるためにエネルギーを使い、大量のエネルギーを消費して花や実の色を輝かせたのだ。誘惑が完了した花々はじきにしおれ、あるいは茶色に変色する。

オランダのチューリップ畑。自然の花々はさまざまな色でさまざまに混じりあい開花するが、ここではチューリップが美しいスペクトル・カラーを整然と見せてくれる。

仮種皮には種々のかたちがある。右上から時計回りに、マンゴスチン、オルモシア・アルボレア、ザクロ、ライチ

食糧で誘う

「わたしを食べて！」と誘うのは、花粉、花蜜、果実、花で、これは動物への報酬だ。動物は食糧を得ることができ、植物は彼らに種子を運んでもらう。種子の散布は、動物の排泄物のかたちをとることもある。

一部の植物は、かなり手の込んだやり方をする。種子をいかにもおいしく見せかける仮種皮（種衣）をつくるのだ。ナツメグやマンゴスチン、ザクロなどは、花の一部が発達した色美しい仮種皮で種子を覆い、鳥や昆虫を誘う。ザクロの仮種皮は、赤いジューシーな果肉だ。オルモシア属（マメ科）はもっとしたたかで、仮種皮をつくるエネルギーを節約する。外見の色だけ美しく見せて、ザクロのように食べておいしい果肉はないのだ。

オンシジューム

敵意を誘う

おしなべて平和な植物界で、攻撃的なものといえば食虫植物のハエトリグサを思い浮かべるだろう。しかし、植物のなかには、動物の敵意を誘って花粉を媒介してもらうものもある。たとえばオンシジュームは、花がゆらゆら揺れてワルツを踊り、スイングしているように見えるので、“ダンシング・レディ”とも呼ばれる。しかし、花粉を運んでくれるハチの目には、優雅なダンスどころか、ライバルのハチがテリトリーを侵しているように見えるのだ。そこで縄張りを守ろうと、侵入者——オンシジュームの花——を攻撃し、その過程で花粉がハチのからだに付着する。ハチに臆病者はいないので、花から花へ、攻撃モードで飛びまわり、花粉を運ぶというわけだ。

だまして誘う

受粉のためなら、いかさまだっていとわない——。これは否定しようのない事実だろう。色と模様を、じつに巧妙に偽装するのだ。

メスの昆虫に似せるのはよくあることで、とりわけラン科は恋慕の情を利用するのがうまい。オフリス属の花の外見はメスのハチにそっくりで、しかもハナバチやカリバチのメスのフェロモンに似た成分まで分泌する。オフリスがミツバチランと呼ばれるのはそのためだ。オスのハチは交尾しようと花にとまって、からだに花粉をくっつける。そしてまた同じ目的でべつの花に飛び、からだの花粉をめしべになすりつける。これを偽似交接といい、ハチは交尾できない

オフリス・アピフェラ。オスのハチは仲間のメスだと思って近づき、花粉をたっぷりからだにつける

ものの、花の繁殖には一役かっている。花をつける植物のうち、種数の多さではラン科がビッグ・スリーに入るのもうなずける。

アマゾンのスイレン

交尾と色の関係は、アマゾン川原産のスイレン――オオオニバス（花の直径が40センチにもなる）と、その花粉を運ぶスジコガネモ

ドキ（コガネムシ科）についてもいえる。

オオオニバスは、夜の訪れとともに、大きな白い花びらを一枚ずつゆっくりと咲かせていく。そしていったん満開になると温度が上がり、甘い香りを放ちはじめる。

スジコガネモドキがその香りに気づき、あちらこちらから飛んできては、オオオニバスの白い花のなかにもぐりこんでいく。すると花びらがゆっくり閉じて、集まったスジコガネモドキたちは花のなかに閉じ込められる――。といっても、彼らは怯えたりしない。温かい花のなかには食糧と交尾の相手がいるのだ。食糧は、たっぷりある雄しべで、花のなかにはオスもメスもいる。そのあいだ、花のほうは少しずつ色合いを変えていく。あくる日、花はふたたび開きはじめるが、色はもはや白ではなく桃色で、甘い香りも放たない。白は「こちらへいらっゃい」、桃色は「さようなら」であることを、スジコガネモドキも承知している。彼らはひと晩過ごした花から飛

アマゾン原産のオオオニバスは、夕闇のなかで
真っ白な花を咲かせ、翌日には桃色になる。

び立ち、夕闇のなかで白い花を咲かせはじめたほかのオオオニバスのもとへ飛んでいく。

誘惑のルール

花の色が異なれば、ひきつけられる動物も異なる。鮮やかな赤い花の大半は、赤い色に敏感な鳥類を誘う。紫外線を反射する花は、紫外線を見ることができるハチにとってきわめて魅力的だ。ピンクとラベンダー色は、チョウのお好み。香りが強く、白色または淡い色の花はコウモリや蛾をひきつける。どちらも視覚はあまり発達していないが、嗅覚はとても敏感だからだ。霊長類などほかの動物も、コウモリと同様の花にひかれて送粉することが知られているが、大型動物は鳥や昆虫などに比べるとたいして役に立たない。ハチドリは小さなくちばしを、チョウは細長い吻を花の奥までさしこんで蜜を吸う。花のなかにはフロックスのように、季節によって色合いを変え、異なる昆虫をひきつけるものもある。

最近の研究によると、もともと昆虫によって受粉していた花のな

ハチドリは赤い花の奥深くまでくちばちを入れて蜜を吸う

さあ、いらっしゃい！

花粉を運んでくれる動物には好みの色があり、特定の色の花が、特定の動物を誘いこむ。花の香りも同様で、ハエは異臭を放つものにひきつけられる。

人間には見えない色が、ハチには見えることがある。写真はキュウリの花で、わたしたちの目には黄色一色だが(上)、ハチには中央部分が(おおよそ)下の写真のように見えている

トケイソウには、おいしい蜜がどこにあるかをはっきり教えてくれる蜜標がある

かには、年月とともに進化して色を変え、鳥を送粉者とするようになったものがあるという。そしてこのような花は長波長の光を反射し、鳥は長い波長に敏感で、昆虫はさほどでもない。また、バラの花が赤や青紫で咲くのは、動物が送粉してくれる時期だけだ。

昆虫の案内板

　ひとつの花に複数の色がついているときは、蜜や花粉のある中心部がほかの部分の色と異なる場合が多い。蜜のありかを送粉者に教

える箇所を蜜標（ハニーガイド）といい、ここにもさまざまな色がある。花によっては花弁に、矢印さながら黒いラインがつき、「蜜はここだよ」と昆虫に教えている。

蜜標は人間の目には見えないものもある。たとえばキュウリの花は、わたしたちの目には黄色一色だが、ハチには中心部が周囲と異なりひときわ目立って見えている。紫外線のような短波長も感知できるハチにちなんで、波長の黄色と紫外線部分の混合をビー・パープル（ハチ紫）と呼んだりもする。人間の視覚は紫外線をとらえられないので、単純に黄色にしか見えないのだ。

キノコ、菌類

> 鮮やかな色のキノコを見慣れない人は、私の絵の一部は空想によるものだと思うかもしれません。でも、それは違います。首をかしげる方は、どうか注意深く観察してください。そうすれば、さまざまに美しいキノコの色を再現するには、手元の絵の具ではとうてい足りないことがわかるでしょう。
>
> ——メアリー・バニング

それではまず、基本的なことを記しておこう——菌類は植物ではなく、動物でもない。菌類は菌界をつくる生物で、植物と動物の奇妙な掛け合わせともいえる。菌類にはクロロフィルがないため、植物のように光合成はできない。この点は動物と同じだが、かといって動物のように、食糧を直接食べることもできない。そのかわり、菌類は食糧源——枯れた植物や土——のなかで育ち、体外に酵素を分泌しては周囲のものを分解し、その分子を再吸収する。この消化プロセスは動物のそれに似ているものの、菌類の場合は体内ではなく体外で消化する。

わたしたちの周囲では、菌類はキノコやカビのかたちで存在し、どちらも驚くほど色彩に富んでいる。それにしてもなぜ、赤、黄、茶、黒、青、緑なのだろう？　有毒であることを昆虫や動物に警告するため？　あるいは『不思議の国のアリス』のキノコのように、「わたしを食べてちょうだい」と訴えている？　大部分の菌類は、動物を媒介した受粉をしない。菌類は種子とは違い、胞子という繁殖細胞をつくるのだ（シダやコケ類、藻類なども同様）。単細胞の胞子もあれば、細胞が少数集まったものもあり、これが発芽、成長して、つぎの世代をつくる。胞子はとても小さいので、藻類が水中を漂うように空中を浮遊し、顕微鏡でしか見ることができない。

菌類の胞子の大部分は風にのって散布され、ごく一部が水や昆虫、動物によって運ばれる。空中では紫外線を浴びるので、貴重な核がダメージを受けやすい。そこで多くの胞子が、細胞壁に色をつけて紫外線から身を守る。スーパーマーケットで見慣れているキノコは茶色だが、これをつくる色素はわたしたち人間の皮膚を守っているのと同じメラニンだ。

色とりどりのキノコたち……

ミケナ・インテルルプタ

子のう菌類の一種

アラゲウスベニコップタケ

ムラサキアブラシメジ

ワカクサタケ

カエンタケ

レオティア・ヴィスコサ

ムラサキシメジ属

コメハリタケ属

ナミブ砂漠の石や岩に見られる地衣類（ダイダイゴケ属）　ナミビアのスケルトン・コースト公園

同様のことはほかの色素にもいえ、菌類はこうして色とりどりになった。アリスはキノコを食べるが、おそらくキノコは食べられるためでなく、わが身を守るために色をつけている。

地衣類の不思議

ここまで植物の多様な世界を垣間見てきたが、地衣類も摩訶不思議で、一種の植物かつ一種の動物でありながら、単一の生物ではない。菌類と藻類（緑藻や藍藻）が助け合って生きる共生生物なのだ。藻類が光合成で養分を提供し、菌類が住処を提供する。

地衣類は極寒のツンドラから灼熱の砂漠にまで生息し、地球でも

地衣類のリトマスゴケは、リトマス紙に使われる。この紙を使って、調べたいものが酸性かアルカリ性かを判定するのだ。アルカリ度が強いと、紙は紫や青になり、酸性度が強いとオレンジや赤になる

最古の生物のひとつだといわれる。そしてもちろん、色とりどりだ。

地衣類はアジサイのように、pHに敏感に反応する。わたしたちは酸性とアルカリ性を判定するときにリトマス紙を使うが、なんとルーツは地衣類なのだ。かつてのリトマス紙は、地衣類を挽いて粉にし、そこに尿などを加えて処理した。現在はもちろん尿など使わず、人工的に合成したものを用いる。

地衣類は酸性またはアルカリ性のものにさらされると化学構造が変化する。地衣類の溶液につけたとき、酸性の物質は光の長波長を反射するので、わたしたちの目には赤く見える。一方、もとの状態であれば、短波長の光を反射して青い。

地衣類からつくられる染料にも豊かで長い歴史がある。地衣類を水に入れて茹でれば、緑からオレンジまでの染料が簡単につくれ、アンモニアを少し加えれば赤や紫になる。この紫色はそれだけでも憧れの色だったが、歴史上もっとも有名な紫――古代紫（223ページ参照）を、より映えさせるための基本染料にもなった。地衣類をもとにした染料はウールやシルクの色づけだけでなく、ネイティブアメリカンのボディ・ペイントにも利用された。

マニトゥーリン島の葉状の地衣類（カナダのオンタリオ州）

グリーン
GREEN

ドル紙幣。未熟。楽園。嫉妬。リサイクル。ガーデニング。こういったものはどれも“緑”のイメージだ。そして緑は、根幹の色ともいえる。アマゾンのジャングルからコンクリート・ジャングルまで、自然の緑があるからこそ、わたしたちは呼吸をし、生きていられる。わたしたちをとりまく緑の植物は、クロロフィルをもつ。というと、いかにも専門的に聞こえるが、クロロフィルとはギリシア語の“緑”と“葉”を単純に組み合わせた用語でしかない。そしてこのクロロフィルが、わたしたちの生存に必要な酸素を供給してくれる。緑は生命にとって、なくてはならないものなのだ。

緑青を存分に使ったマギ礼拝堂のフレスコ。
ベノッツォ・ゴッツォリ（ベノッツォ・ディ・
レーゼ・ディ・サンドロ）作　15世紀

ル度数がきわめて高いだけだった。ただし、安価なアブサンの場合は、そうともいいきれない。業者は安上がりな方法をとって、本来なら自然に緑色になるところを、銅塩を使った着色料で色づけしたからだ。大流行した当時、この種の銅塩は有毒だったから、飲んだあとの異常な行動はこれが原因だったのかもしれない。

　こうして汚名が晴れたアブサンはふたたび流行したが、不名誉な評判は歴史に刻まれた。過去に有名作家や詩人、画家たちが緑の妖精を味わい、彼らのアブサン礼賛は果てしなく流れる緑の川さなが

アブサンの主材料、ニガヨモギ

「グリーン」を緑にしているものは？

アブサンは各種のハーブをもとにつくられ、その葉にあるクロロフィルが、緑の色みをつくりだす。代表的なものはニガヨモギ、アニス、ウイキョウで、トウシキミ（乾燥させたものがスターアニス）やセイヨウトウキ、コリアンダーも加えられることがある。

同じ赤？

手術着が白と緑では、赤い血液の
見え方がずいぶん違う。

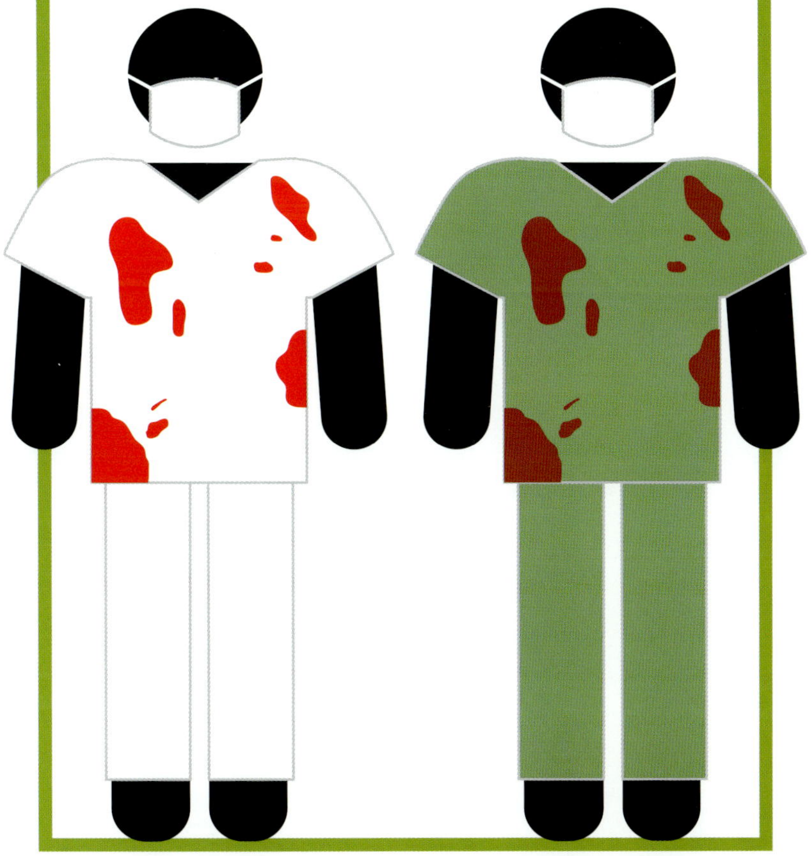

ら、後世まで語り継がれていくことだろう。ボードレールは書いている――「レーテ川には血ではなく、緑の水が流れる。忘却の緑の水、倦怠を引き起こす水、それはアブサン以外にありえない」

手術着は何色？

20世紀に入っても数十年ほど、医者は私服で手術をしていた。感染予防とのかかわりで衛生問題がとりあげられてはじめて、清潔さは無視できないと、医者は白衣を着るようになる。ただ、これもそう長くはつづかなかった。手術室は白い色だらけで、それがいくつか問題を引き起こしたからだ。まずひとつは、白い繊維では血液が目立ちすぎてしまう。手術室から出てきた医者の白衣に血が飛び散っているところを想像してみてほしい。あまりにも生々しいのではないか。少なくとも、ほっとする光景とはいえない。

つぎに、このような見た目はさておき、白は手術をする医者の妨げになった。目が何か色のついたものを見て、それから白いものを見ると、最初の色の補色（色相環で反対側にある色）が、白い背景にぼんやり浮かんで見える傾向があるのだ。ためしに、下の赤い円を見てほしい。30秒ほどじっと見つめてから、右の白い円に目を移すと――。白い円の上に、緑っぽい青い影が見えないだろうか。

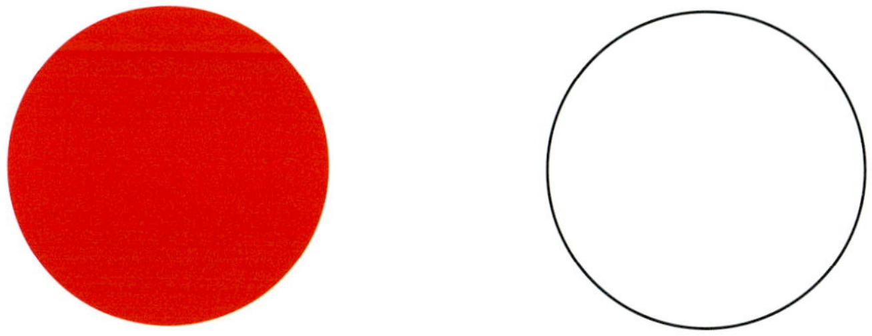

この現象は集中力の妨げになるが、それよりもっと大きな問題は、手術室には赤色があることだった。人間の目は、特定の色を過剰に見るとだんだん鈍くなり、じきにその色を無視してしまう。しかし手術をする医者には、赤い血液にひときわ敏感であってもらわなくてはいけない。

この問題は1960年代以降、見事な策をもって解決された。手術着を青みがかった緑色にすればよいのだ。青から緑の範囲は赤の補色なので、赤い血液が青っぽい緑の手術着につくと茶色に見える。一般に、補色同士を混ぜあわせると、打ち消しあって茶色になるのだ。また、視覚の感度が鈍った場合、目は室内に飛び飛びに見える色（この場合は青みがかった緑色）を無視し、ほかの色をしっかりと見る。青っぽい緑の、一見冴えない色の手術着のおかげで、医者は緊急手術に集中できる。

動物
ANIMALS

カレエダカマキリの枯枝色から、モルフォチョウの羽のきらめく青色まで、動物たちの色は命を守ってくれたり、交配相手を呼びよせてくれたりする。「こっちへ来るな！」も、「こっちに来て！」も、色によって伝えているのだ。

色彩の面から動物界を見てみると、昆虫や魚や鳥は色とりどりできらびやかだ。かたや哺乳類は控えめで、茶色やベージュ、黒、グレーが多く、赤や黄色は少ない。

外見の色がどうあれ、動物たちは色を目安のひとつとして食糧を、つがいの相手を決めている。また、ほかの動物から身を隠したり、逆に怯えさせて追い払うときも、色が力を発揮する。

真っ青な目をぱちくりさせる、青緑色の尻尾をふりまわす、あるいは金色のたてがみを振る……。どんなかたちであれ、色は生態系における彼らの位置づけと暮らしぶり――生息環境、その行動、愛の獲得法を知る大きな手がかりを与えてくれる。

動物の色合い、明るさ、鮮やかさは、その種を育て、守るのに役立っている。自然は動物を色分けするという大仕事によって、生存と繁栄を手助けしたのだ。

皮膚、鱗、毛、羽の色を決める源は、大きくふたつに分けられる。ひとつは色素、ひとつは構造色で、動物の大半はどちらか一方だが、まれにハチドリのように、両方を合わせもつものもいる。

色素の働き

植物と色素の関係は、動物にも当てはまる。植物同様、動物の皮膚や毛、羽、身を守る部分の外層には色素があって、それが光の特定の波長を吸収したり反射したりする。

動物界、とくに哺乳類に豊富な色素はメラニンだ。淡い灰色と黒、ベージュと濃褐色、とび色とブロンドなど、メラニンによって区別される色の幅はとても大きい。ただし、自然界に見られる非常に鮮やかな色には、かかわっていない。

植物界でもっとも重要な色素のクロロフィルは、動物界では脇役となる。動物たちは自力でクロロフィルをつくれず、食べることしかできない。同じことは、鮮やかな赤やオレンジ、黄色にかかわるカロテノイドにもいえる。

ハチ？　鳥？

ハチドリの美しさのひとつは、カラフルな羽の色のコントラストだろう。陽射しを受けて揺らめき、きらめく色もあれば、変わらず控えめな色もある。

メラニン、メラニン

メラニンには、ユーメラニンとフェオメラニンがある。ユーメラニンは黒・褐色系で、フェオメラニンは赤毛など、ユーメラニンよりは明るめの黄・赤系色素。

また、植物と同様に、動物の色素も太陽の紫外線から身を守るためにある。しかし、色素はもうひとつ、大きな効果を発揮する。色素のおかげで、動物はつがい、生き残っていけるのだ。

動物と植物を分ける決定的な違いのひとつは、多くの動物の場合、食べる植物とその植物内の色素が、彼らの色に直接影響するという点だ。

食べるもので色が変わる

赤い果実を食べるとからだの色が変わるなど、信じがたいかもしれない。しかし、一部の動物では、ほんとうにそうなのだ。たとえば、ショウジョウコウカンチョウが夏に食べた実は、羽包（羽毛が生えるところ）にたまって、羽の色を美しい赤に保っている。もしショウジョウコウカンチョウを鳥かごに入れて飼育して、市販の餌しか与えなかったら、換羽のたびに羽の色はあせていくだろう。

野生のサケは大量のカロテノイドをとりこむが、養殖のサケはそれができる環境にない。フラミンゴも同じ

フラミンゴの羽の色と、フラミンゴが食べるシュリンプの色はこんなによく似ている

で、野生では好物のシュリンプをたっぷり食べる。胃のなかに入ったシュリンプは、熱湯に入れられたときと同じ反応を示し、青っぽい灰色から明るいサーモンピンクに色変わりして、このピンクがフラミンゴの羽の色に影響する。ただ、市販のシュリンプは高価だから、動物園としては大量に使えない。養殖のサケや飼育下のフラミンゴの餌にカロテノイドを加えるのは、そのためだ。サケの身や鳥の羽も、これで美しいピンクを保てる。

構造色のきらめき

タマムシの緑、モルフォチョウの青、キンバエの緑——どれも見る角度によって色のきらめきが異なる。このような美しい金属光沢をもつ動物はほかにもいるが、この色は受けた光が鱗粉や羽の微細な構造によって干渉、回折することで生まれる（構造色）。

たとえば、オスのモルフォチョウの青と紫は、多層膜干渉によるものだ。羽の表面の薄いたんぱく質の層に空気がサンドイッチされ、モルフォチョウ属にはこれが10 ～ 12層あるものもいる。このたんぱく質層と空気層では光の曲がり具合が少しばかり違うため、薄膜間の光の干渉によって色が強調される。いいかえると、わたしたち

美しく輝くモルフォチョウには見とれるばかりだが、顕微鏡で拡大してみると、まぶしい青をつくりだす鱗粉がはっきり見える

美しい羽の友人たち

鳥類学の調査では、観察対象がはばたきひとつで目の前から消えてしまう。そのため、見た鳥をすばやく識別できる鋭い観察眼と、色に関する独特の表現体系が必要になる。ありきたりの色――栗色、エメラルド・グリーン、褐色なども、ふだんは聞きなれない舌を噛みそうな言葉で表現する。

RUFOUS
錆色っぽい、赤みがかったブラウン
アカガシラサイチョウ
[RUFOUS-HEADED HORNBILL]
オオハシブトオニキバシリ
[GREAT RUFOUS WOODCREEPER]

OLIVACEOUS
暗緑のオリーヴのような黄色みのある緑
ヒメオニキバシリ
[OLIVACEOUS WOODCREEPER]
ハイロウタイムシクイ
[EASTERN OLIVACEOUS WARBLER]

GLAUCOUS
青から青緑がかったグレー
ワシカモメ
[GLAUCOUS-WINGED GULL]
ウミアオコンゴウインコ
[GLAUCOUS MACAW]

OCHRACEOUS
土色っぽいイエロー・オレンジ
キイロヤマミソサザイ
[OCHRACEOUS WREN]
ムネアカフタスジハエトリ
[OCHRACEOUS-BREASTED FLYCATCHER]

ROSEATE
濃いピンクからローズ・レッド
バライロハチクイ
[ROSY BEE EATER ROSEATE]
ベニヘラサギ
[SPOONBILL ROSEATE TERN]

VIOLACEOUS
深みのあるフレンチ・ブルーから鮮やかな紫まで
ヒメキヌバネドリ
[VIOLACEOUS TROGEN]
カオグロルリサンジャク
[VIOLACEOUS JAY]

CINEREOUS
灰色、ときに銅色が混じる
クロハゲワシ
[CINEREOUS VULTURE]
ムジシギダチョウ
[CINEREOUS TINAMOU]

FULVOUS
バタースコッチ色からシナモン色まで幅広いブラウン系
アカリュウキュウガモ
[FULVOUS WHISTLING DUCK]
スナイロヤブチメドリ
[FULVOUS BABBLER]

BUFFY
薄い黄褐色。なめし革のような色
クロハラトキ
[BUFF-NECKED IBIS]
バフイロフウキンチョウ
[BURNISHED-BUFF TANAGER]

クジャクの羽枝。この微細なつくりが構造色の効果を生む

が青色に認識する短い波長の、じつに70～75パーセントが反射されるのだ。色素のみではとうていこの数値に及ばない。こうして、モルフォチョウの羽はきらきらと美しく輝く。

クジャクやタマムシなどは、一色ではなく多色を反射する。羽や翅はモルフォチョウと同じく多層構造だが、もっと幅広い波長の光を反射して、光沢のある虹色にきらめく。

動物の色はなぜ、どのようにして決まるのか

ハチドリは、背の美しい緑色で健康であることを示し、「こちらへいらっしゃい」と異性に呼びかけている。オスの場合はさらに、ライバルを威圧し、同じメスに近づかないよう警告する意味合いも

8000万年前のアンモナイトの化石。長い歳月、高温高圧にさらされ、このようなみごとな虹色になった

もつ。スズメバチの黒と黄色も誘惑と警告の色だが、どちらかというと警告のほうが強い。海にすむコウイカは弱者なので、大勢いる捕食者の目をあざむくために体色を変化させ、カムフラージュする。またこれで、仲間とのコミュニケーションもとっている。

色鮮やかな皮膚や羽、鱗をもつ動物は、その色を美しく保つために大量のエネルギーを消費する。そして色は、そのコストに見合うだけの便益――種が生き残るうえで有益なものをもたらさなくてはいけない。ここまでのエネルギーを使う最大の目的は、配偶相手の選択や同性間競争などの“性淘汰”だ。

生き残りと太陽の光

地球は太陽の光を浴びている。だから生物は、自分たちの世界を知るひとつの手段として“目”を進化させてきた。もちろん、進化といっても、その始まりはささやかなものだった。扁形動物のプラナリアの目が、進化の初期段階のものではないかと考えられているが、目といっても“眼点”で、せいぜい光を感じとることくらいしかできない。

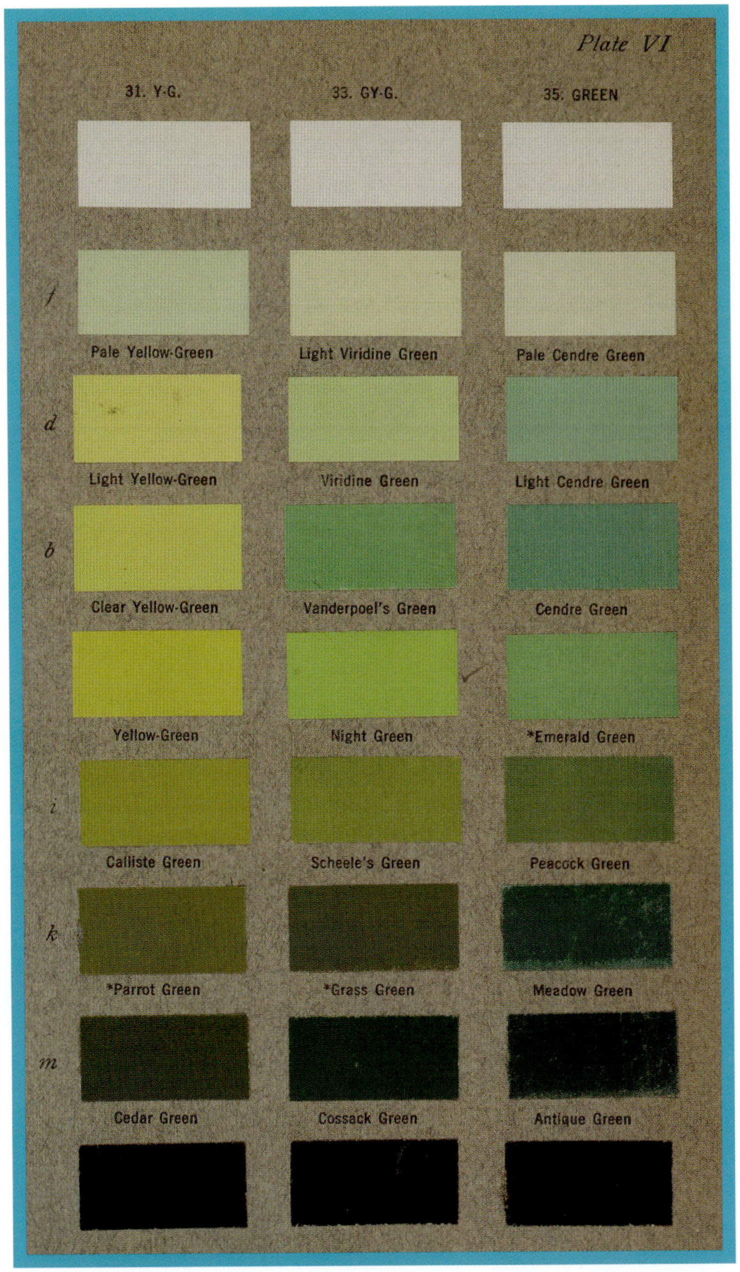

アメリカの鳥類学者ロバート・リッジウェイ（1850～1929）は、鳥の色を識別するために表色系を考案した。ここには27色のみ示したが、全体では1115色ある。出典：R. リッジウェイ著『色度標準と色名』

夜に活動する動物は、赤や黄色を見分ける力が発達していない。それよりも、黒と灰色の違いを感じるほうが重要だからだ。コウモリには色を識別する錐体がないので、彼らの世界は黒と白と灰色からなっている。一方、昼間ずっと働きづめのチョウは視覚が発達し、色を見分ける力は人間よりも優れている。チョウの目に見える世界はきっと、色の万華鏡のようだろう。

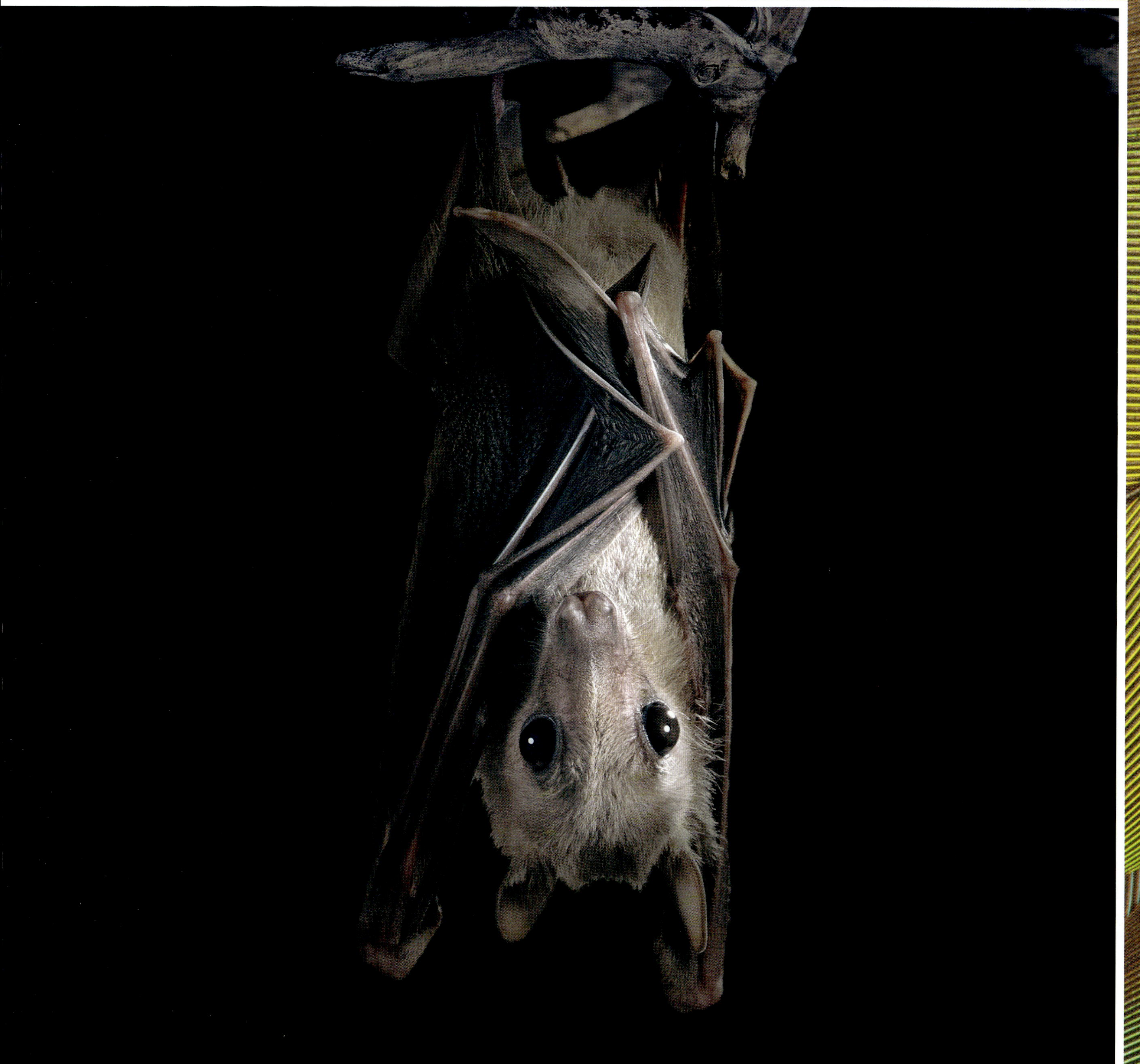

それから長い、長い年月をかけて、動物界は目と視覚を進化させ、驚くほど多種多様なかたちに分岐した。膨大な色を見分けられるものもいれば、光のない真っ暗闇で歩きまわれるものもいる。

日中に活動するよう進化した動物にとって、太陽の光は生き残るための大きな道具だ。昼間は明るい色にあふれ、この時間帯に起きている動物の多くは色彩で身を飾り、それを誇示する。

かたや夜間に活動するよう進化した動物は、暗闇のなかで灰色の濃淡を区別できるようになり、からだの色も夜の世界に適応させた。

陸上だけでなく、水中で暮らす動物にも同じことが当てはまる。水は光を吸収するので、深くなればなるほど、動物は色を誇示しなくなる。それでも面白いことに、深海にすむ魚は赤い色をしているものが多い。ただし、光が当たってはじめて赤く見えるだけだ。光の波長のうち、長い波長（赤）がいちばん最初に吸収されるからで、水面下10メートル超では黄色も濁りはじめ、さらに深くなると青のみになる。陸上では赤色の動物がひときわ目だつが、水中では赤いほうが身を隠すのに都合がいい。

生き残りと色

動物たちにとって、色は大きな意味を３つもつ――食糧の発見、伴侶の獲得、そして生き残りだ。どんな動物であれ、この不可欠の３要素に対応しようと、もてる感覚をフル活用する。といっても、感覚の強弱は動物によって異なり、主として嗅覚に頼る種もあれば、聴覚、あるいは視覚に頼る種もある。

光の長波長を知覚できれば、果実が熟したかどうかを見極めるの

光の射しこむ浅い海では、ミドリイシの上で泳ぐスズメダイやベラの色もきれいに見える（ボルネオ）

青い鳥が茶色になって、黄色い目が緑になる？

脊椎動物には青色の色素がない。青に見えるのは構造色か、空を青く見せる光の散乱（62ページ参照）によるものだ。これを確認するには、つぎのような実験をしてみるといい——青い鳥の羽根を一枚、光源を背にして置く。すると羽根は青ではなく茶色に見えるだろう。逆光では散乱が起きず、青色が消えてしまう。

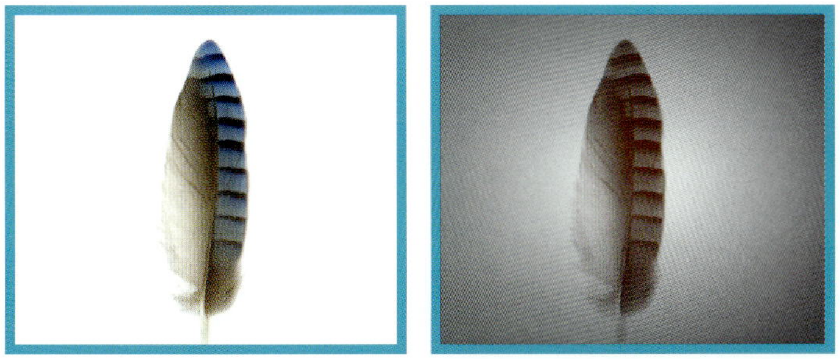

左は日光を受けたアオカケスの羽根。右は同じ羽根が背面からライトを浴びたとき

光の散乱は、青い色の目でも起きている。虹彩のメラニンが少量で、とても小さな粒になっているため、波長の短い青光を散乱させるのだ。そして虹彩に黄色タイプのメラニンがある場合は、青と黄色が混じりあう。その結果は？緑色の目になる。

猫の青い目に色素はない。青く見えるのは光の散乱によるものだ。もう片方の目にはフェオメラニンがあり、散乱とあいまって緑っぽく見える

繁る葉と熟れた果実を見分けられる色覚があれば、栄養たっぷりのおいしい食料を容易に見つけ、食べることができる。人間もそんな動物のひとつ！

が容易になるだろう。色覚をもつ動物なら、果実の成熟・未成熟だけでなく、その途中の段階や、熟れたのちに腐敗しているかどうかもわかるはずだ。カビ、いたんだ肉、有毒な実も色で見分けられ、食べてはいけないものだと感じとる。

繁殖シーズンになると、オスは張り切って身を飾り、求愛する。鳥類のなかにはメスより華美な色になり、メスの姿を認めると、美しい翼を広げてわが身を誇示するものもいる。クジャクのオスがメスに向

クジャク、マンドリル、アノールトカゲ、ヌマアカガエルは、美しく派手な色を誇示してメスをひきつける。ヌマアカガエルは一年のうち、繁殖期のほんの数日だけこの色になる。一年の大半は、いま交尾しているメスと同じ茶色だ

かい、きらめく尾羽を大きく広げて揺らすのは有名なところだろう。

マンドリルの青い頬、アノールトカゲのピンクの喉、グッピーのオレンジ・スポットはどれもオスに特有で、メスをひきつける色彩装飾のほんの一例だ。あまり語られてこなかったが、最近の研究によると、メスの美しさや色彩のバリエーションも重要な役目を担っているらしい。オスほどではないかもしれないが、メスのお化粧もパートナーに影響を与えている。

色をつくるには多くのエネルギーがかかるので、繁殖シーズン以後までつづかない場合が多い。たとえば鳥類には毎年、換羽期がおとずれるが、なかには完全に色を変えてしまうものもいる。アカフ

ウキンチョウは、春の繁殖期にはその名のとおり羽色が真っ赤になるが、秋にはがらりと変わって緑っぽい黄色になる。ただ、メスのほうは一年じゅう同じ色だ。

アカフウキンチョウの赤い羽は、換羽すると黄緑になる。こちらのほうが、使うエネルギーが少なくてすむ

マンドリルの変化

タテジマキンチャクダイは、成熟したことを驚くべき方法で知らせる。からだの色と模様をすっかり変えてしまうのだ。からだの形はさておき、幼魚と成魚は一見、別種としか思えない。

またマンドリルでは、大人のオスのなかに、仲間とはまったく違う外見のものがいる。割合は少ないが、このようなオスの顔は色が

鳥の世界の建築家

鳥の求愛儀式というと、どうしても羽の色と結びつけてしまうが、ニワシドリは色を変える以外のこともやってのける。ニワシドリ科の仲間にはきらめく濃紫のもの、黄色と黒のコントラストが鮮やかなもの、明るい茶色など、さまざまな羽色がある。それでもオスには共通点がひとつ――メスを呼び寄せる“あずま屋”をつくるのだ。このあずま屋だけでも立派なものだが、ニワシドリはさらに、その周囲を多種多様なもので飾りつける。

飾りつけにはそれぞれお好みの色があるらしく、一色で統一するものもいれば、黄色とオレンジなど同系色でまとめるもの、あるいは緑とピンクのように反対色を選ぶものもいる。

花びらや実、葉、小石、人間が捨てたゴミ（瓶のキャップ、プラスチックのかけら、粘着テープなど）まで、選りすぐって集めたものを、たくみにレイアウトしていく。そしてここに立ち寄ったメスは、あずま屋や庭の品質、美しさ、その見せ方などを査定する。なんともすばらしいオープンハウスだ。

マンドリルは顔の色だけでメスをひきつけるのではない。お尻のカラフルさでは、動物界でも抜きんでた存在

ひときわ多彩で鮮やかで、大きなお尻はピンクとブルーだ。からだの大きさも、顔の色が薄いオスの２倍にもなる。が、これは永続的なものではなく、オス同士の戦いで敗北すると、地位だけでなく華美な色まで失ってしまう。ピンクも赤も消え、青だけが残るのだ。逆に、色の薄いオスが勝つと、特殊なカラーリングを発達させ、からだの大きさも倍に成長する。たとえすでに成獣でもだ。これはもう、摩訶不思議としかいいようがない。

タテジマキンチャクダイの幼魚（左）と成魚（右）は、外見がこんなにも違う。これで同じ種だとは信じがたい

ありふれた光景のなかに隠れる

この惑星で暮らす動物は、生き残っていくために、捕食者を追い払い、獲物をひきつける方法をつねに探求してきた。その進化の大きな要素が、色である。たとえば、周囲の光景にとけこんで、いかにも姿を消したように見せかけたり、自分よりも危険な動物に変装し、捕食者をとまどわせたりする。また、敵に警告を発して退散させることもある。そしてこのての戦術に、色を使うと何かと便利だ。

色彩の利用法でもっとも巧妙かつ狡猾なのは、カムフラージュだろう。動物が生息環境に適応しつつ進化してきたことが、これでよくわかる。完璧な変装は敵の視界から消えるのに役立ち、皮膚や鱗や毛を、色と模様で背景にとけこませる。オオシモフリエダシャクなどは一生同じ保護色で生活するが、オコジョなどは夏が来れば夏毛に、冬が来れば冬毛に変わる。そしてモンダルマガレイは、海底の砂色に合わせ、瞬時に体色を変える。

カムフラージュの目的は、敵から身を守るだけではない。オコジョもモンダルマガレイも、捕食者はもちろん、獲物の目もあざむい

卵の殻は、なぜ色が違うのか？

殻の色が決まる理由は、正確にはまだわかっていないが、食性とカムフラージュが関係するとはいわれている。しかし、白色が多いことを、食性とカムフラージュでは説明できないのではないだろうか？　食べるものが違っても白いのだし、カムフラージュにしても、白であれば「わたしはここにいる……食べてちょうだい」といっているに等しい気がする。

サメはカウンターシェイディングを使いこなして、こっそりと獲物に近づく

ているのだ。カムフラージュしておけば、気づかれずに忍びより、ごちそうにありつくことができる。

魚類にほぼ共通しているカムフラージュ法もあり、カウンターシェイディングとして知られる。腹部の色がほかの部分より明るく、これは光が上方の水面から入ってくることに合わせて進化したものだ。下にいる魚Ａが魚Ｂを見上げても、Ｂの白っぽい、あるいは銀色っぽい腹部は周囲の光にまぎれて見えない。反対に、魚ＢがＡを見下ろしても、Ａの背の暗色は下方の暗い水にとけこんで見分けがつかない。ということから考えると、海底で暮らすものたちが、このタイプのカムフラージュ法を利用しないこともうなずける。

色素胞の場合

カメレオンとタコの共通点は何だろう？　それはあっという間に、ときにはまばたきする間もないほど速く、体色を変えられる色素胞をもっていることだ。

長く誤解されてきたが、カメレオンはその至宝のパワーを保護色として利用しているのではない。気温の変化をしのぎ、伴侶を得るために使っているのだ。からだが熱くなると、明るい色になって日光を反射し、クールダウンする。逆に寒くなったら暗色に変わり、光を吸収してからだを温める。そして繁殖期にはほかの動物と同じ

オオシモフリエダシャク、夏毛と冬毛のオコジョ、砂でカムフラージュしたモンダルマガレイ（３パターン）

タコはサンゴ礁、コンブの群生地、何もない泥の海底など、どんな場所でもたいていカムフラージュできる。あっという間に変身し、写真の上から下まで、わずか2.02秒で背景にとけこんだ

く、わが身の美しさを誇示する。

タコもまた、色や模様をすばやく変えることで知られる。もともと捕食者に対して非常に脆弱であることから、タコの場合はカメレオンと違い、この能力をカムフラージュに使っていると考えられる。タコは海底を移動するとき、色素胞によって、体色や模様をころころ変えていく。

腕を８本もつタコには、とっておきの武器――墨汁もある。黒い墨を吐き出して、敵を仰天、当惑させるのだ。色を見分けられないながら、タコは黒を使ってごまかす術を心得ている。

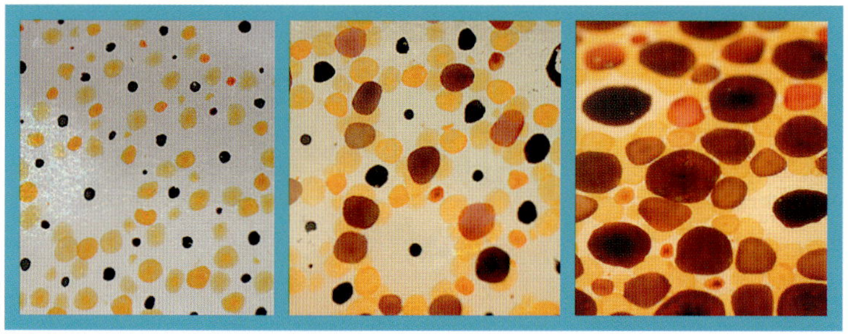

生きた動物の細胞を顕微鏡で見たときの色素胞。タコなどの頭足類が色や模様を変化させるときの色素胞のようすがわかる

擬態するもの、されるもの

擬態も生き抜く戦術のひとつだ。敵に「自分のほうが殺されそうだ」と思わせるのは、かなり有効な手段といえる。毒をもたない動物はそのやり方で、有毒な動物そっくりに進化してきた。代表例としては、無毒のミルクヘビと有毒のサンゴヘビがあげられる。どちらも黄・赤・黒の３色だが、よく見ると、色の並び方が異なっている。隣り合う色が赤／黄なら有毒、赤／黒なら無毒だ。とはいえ、長い年月を経れば、捕食者のほうも進化して、色のパターンを学ぶのではないか？　しかし、強者とは用心深いもので、そう簡単にリスクはおかさない。万にひとつでも見誤まったらどうなるか――。ミルクヘビはそうやって生き残ってきた。

一方、サンゴヘビのほうも、その色を生存の

無毒のミルクヘビでは赤と黒が隣り合い（下）、有毒のサンゴヘビでは赤と黄色が並ぶ（上）

ウミウシだったら、この程度の派手さは珍しくもなんともない（アカフチリュウグウウミウシ）。ウミウシは鮮やかな色をさまざまに組み合わせて進化してきた。エンパイア・ステート・ビルのイルミネーションも脱帽

手段としてきた。「おれに近寄るな！」という警告だ。自分の体色で警告するのはもちろんサンゴヘビだけではなく、攻撃してきたら噛んでやる、刺してやる、と敵に知らせる動物は多い。なかには、襲ってきた捕食者の味蕾を台無しにしてしまうものもいる。

軟体動物のウミウシは早いうちに貝殻を失い、代わりに派手な色彩を手に入れた。そして毒のあるものを食べ、その毒を体内にためこむ。つまりウミウシは、食糧としてはとびきりまずい。捕食者はひと口かじっただけで、二度と食べる気にならないだろう。

ヤドクガエルは、鮮やかな皮膚に強い毒を隠しもっている。捕食者を追い払ううえで、いかに色彩が重要かを示す代表例といってもよい。ヤドクガエルは進化とともに華美になり、華美になるとともに毒性を強めていった。では、どれくらいの毒性があるのか？　ヤドクガエル１匹で、人間10人、ネズミなら２万匹が死ぬといわれている。

色とりどりの鮮やかなヤドクガエル

日光に頼らず輝く

深海で生きるものたちは、光を当てられてもさして喜びはしないだろう。海の深いところでは、みずから光をつくれるものがたくさんいる。生物発光といい、体内で化学反応を起こして発光するのだ。その目的はいろいろあれど、何より生き残っていくためだろうといわれている。発光することで輪郭があいまいになり、捕食者や獲物の目をくらますことができる。

発光する生物は陸上にもいる。最初に思い浮かぶのは、やはりホタルだろう。ホタルは光を発することで、「食べると後悔するぞ」と敵に警告している。また、美しい輝きで繁殖相手をひきつけもする。光を点滅させたり、葉の上で静かにきらめきながら、恋人にこっちへ来てとアピールするのだ。

色はどんなふうに見えているか

動物のなかには、人間以上に光の波長を感知できるものがいる。たとえば鳥類は、わたしたち人間が見る色に加えて、紫外線域も見えている。自然のはたらきのひとつで、こうすることにより、花々は種々の波長の光を反射して受粉でき、種子が運ばれる。ただし、色によっては感知できない動物もいる。たとえば、赤い花は鳥を招き、鳥は花の期待によくこたえてくれるが、昆虫にはそれができない。受粉と種子散布に関し、鳥のライバルともいえる昆虫には、赤い色が見えないからだ。

色に関し、人間が鳥類より唯一敏感なのは青だろう。鳥は一日の大半を空で過ごし、サングラスをかけるわけでもないから、青色に敏感だったら生きづらい。

スペクトルの反対側、長波長域に関しては、ヘビの多くが赤外光を感知する。そのおかげで、体温の温かい獲物が発する熱を見ることができるのだ。

このほかにも、可視光の狭い範囲しか見えないものもいれば、まったく色を感知しないものもいる。

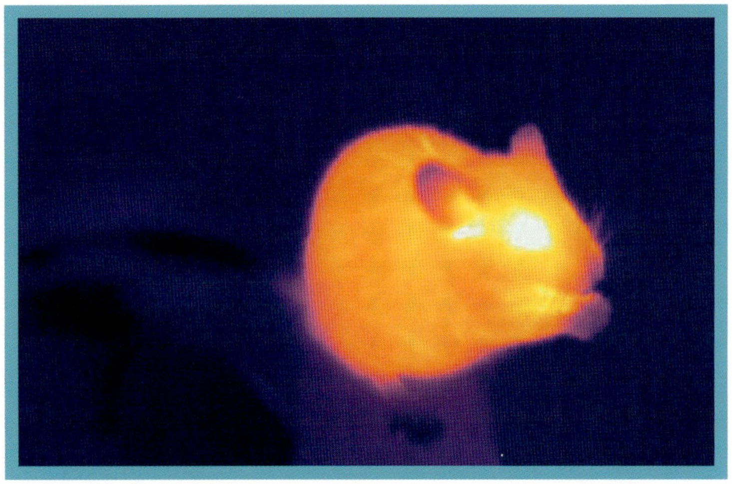

おそらくネズミはヘビの目に、こんなふうに見えているだろう

脳の大小にかかわらず、色が見えるか見えないかは脳の指令センターによって決定される。とはいえもちろん、色データは脳が認識するよりまえに、光受容器を通過しなければならない。既述したように、受容器には錐体と桿体の２種類があり、錐体は目から入ってきた光の波長を電気信号に変える。それが脳に送られて、いま見ている色はこれこれだとわかる。錐体は日光や明るい光のもとでは活発だが、暗くなると認識力がおちて、桿体の出番となる。桿体の役割は、暗がりでコントラスト――すなわち光と闇を、グレーの色合いを見分けることだ。桿体に色彩の区別はつかない。

動物が色を知覚するにはこの錐体と桿体が基本になるが、方法はまだほかにもある。色と模様を瞬時に変えられるタコは、錐体が消失しているので色が見えず、べつの方法をとっている。タコはタコなりのやり方で、光の波の振動方向（偏光）を感じとっているのだ。

夜行性のコウモリをはじめとして、錐体をもたない動物、もしくは錐体が退化した動物は、桿体に頼っている。逆に、ナミアゲハのように錐体が５つあるものもいて、３つしかない人間には知覚できない色も見ることができる。また、錐体が２つだけの動物も多く、イヌもその仲間で、黄色と青色系の波長を知覚する半面、赤と緑の区別がつきにくい。では、動物界における色覚の金メダリストは？　海で暮らすシャコ類だ。サンゴ礁でよく見かけるこの甲殻類は、光受容器をじつに16種類ももち、そのうち11 ～ 12が錐体だ。しかも、目は頭の上にある。視界の点では申し分なしといえるだろう。

霊長類は、地球上のいたるところにいる。旧世界ザルと類人猿は人間と同じく錐体を３つもつが（３色覚)、夜行性の原猿は黒、白、灰色しか見分けられない。

ちなみに、キツネザル科の一部と、大半の新世界ザルの場合はややこしく、オスは錐体がふたつの２色覚で、メスはオスと同じだったり、違ったりする。メスは２色でなく３色覚のこともあるのだ。どうしてこのように一律ではないのか？　それぞれに、長所と短所があるだろう。２色覚の場合、カムフラージュを見破ることが容易になり、３色覚のメスよりも捕食者や獲物を見つけやすい。そして３色覚のメスのほうは、熟した果実を見つけるのが上手だ。家族それぞれの得意分野が違うというのは、なんともすばらしい！

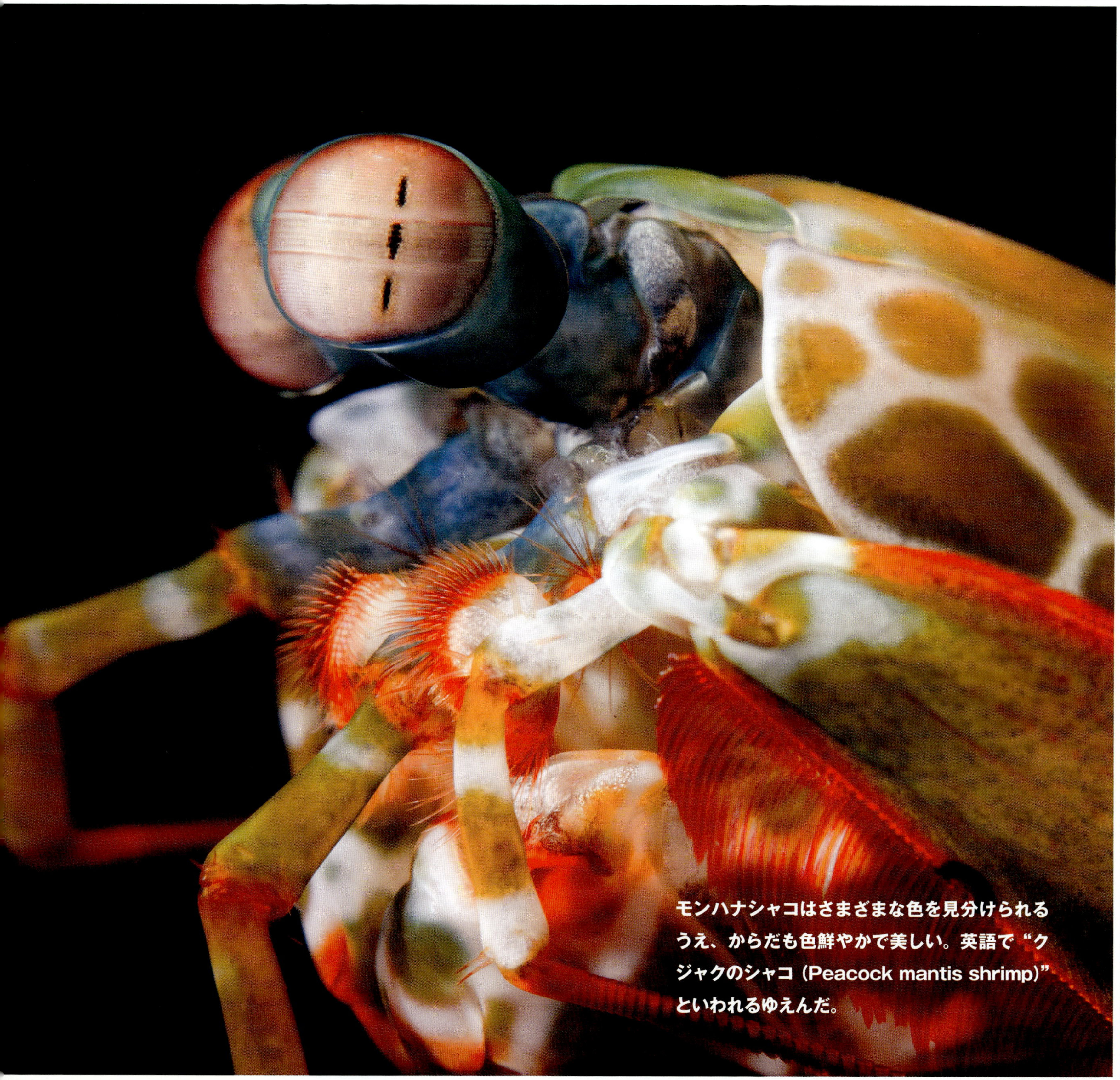

モンハナシャコはさまざまな色を見分けられるうえ、からだも色鮮やかで美しい。英語で“クジャクのシャコ（Peacock mantis shrimp）”といわれるゆえんだ。

ブルー
BLUE

群青色の空、コバルトブルーの海……。青色は果てしなく広がり、わたしたちの夢をつつみこんでくれる。わたしたちは青色を信頼し（男女の制服に使ったり）、青色に頼り（優良株＝ブルーチップを手に入れたり）、青色に男らしさを見る（たとえば男子のベビー服）。そして気持ちの鎮まりや冷静さを感じる色でもある。また、だれでも一度や二度は、ブルーな気分になったことがあるだろう。バラ色気分に水をさす、憂鬱なブルー……。

古来、青色は独特の二面性をもつ。青い作業服を着て労働に励む人たちはブルーカラーと呼ばれ、裕福な人びとはロイヤル・ブルーの衣装をまとい、そのからだには青い血が流れているといわれた。そして空と海は限りなく青く、わたしたちがすむ地球は“青い惑星”と呼ばれる。しかし、地上の植物や動物に、青はあまり見られない。

冨嶽三十六景
神奈川沖
浪裏

浮世絵師、葛飾北斎も
《神奈川沖浪裏》で
プルシアンブルーを使った。

インディゴで染めたタゲルムストを巻くトゥアレグの男

ゴールドラッシュにわく1850年代、ストラウスも成功を夢見てカリフォルニアに行った。そして衣類の販売を始め、良質のデニムを扱う。ニューハンプシャーの工場でつくられた生地は耐久性に富み、金の採掘のような汚れの激しい重労働にはうってつけだった。

ストラウスの顧客だったリノ（ネヴァダ）の仕立屋、ジェイコブ・デイヴィスは、デニムのズボンを他社製品より丈夫で長持ちさせる方法を思いついた。ポケットの上の隅に、金属の鋲をつけて補強するのだ。ふたりは特許を申請し、ジーンズ・メーカー、リーバイスが誕生する。

このジーンズは大評判となったものの、何十年ものあいだ、西海岸でしか販売されなかった。しかしその後、西部劇に登場し、大スターのジョン・ウェインがはきはじめると、丈夫な仕事着は全国で引く手あまたとなる。

アメリカが第二次世界大戦に参戦してからは、材料になる綿と銅が戦時下でなかなか手に入らなくなった。そしておそらくその反動だろう、戦後は熱狂的人気を集め、“ウェストオーバーオール”は“ブルージーンズ”と呼ばれるようになる。それでもなお、あくまで

リーバイ・ストラウスとジェイコブ・デイヴィスは1873年、ズボンに鋲をつける方法で特許を取得した（特許番号139121号）。最初の製品は501®だ。ただ当初は、最高級のデニムであることを示す“XX”で呼ばれた。

作業着であり、社交的な場では着られなかった。が、その他の面は大きく変わり、ブルージーンズはある種の主義主張を示すファッションとなる。そのため、一部の若者はジーンズ着用を禁止された。1960年代から70年代には、ヒッピーが独自のジーンズをつくり、ピースサインや刺繍を施したアートとみなして、スカート、帽子、バッグまでデニム製にした。70年代と80年代には、カルヴァン・クラインやグロア・ヴァンダービルトなどがブルージーンズをデザインし、女性用のパンツの背面に堂々とロゴを入れる。80年代から90年代にかけては密輸が横行、ソ連ではジーンズの闇市場が生まれた。

2世紀まえなら、畑仕事をする者が王族のような衣装（階級を強調する色や布地の服）を着ることなどなかっただろう。しかしこんにち、ジーンズは地位や階級を問わず、世界じゅうで愛されている。そして色とりどりのものがつくられるようになったが、スタンダードはいまもなお、昔ながらのブルーだ。

血が青い？

“青い血”と聞けば、社会的地位が高く裕福で、凛としたレディやジェントルマンを思い浮かべるだろう。しかしこの表現は、単なる階級差よりもっと深い意味をもつ。もともとはスペイン語の“サングレ・アスル”で、サングレは「血」を、アスルは「青」を意味し、種族と宗教を示すものだった。

スペインの大半を支配していたアラゴンのフェルナンドとカスティーリャのイサベルは、1492年、南部グラナダのイスラム王国を征服し、宗教面での寛容性は幕を下ろした。それまではイスラム教徒もユダヤ教徒もキリスト教徒も、差別なく平和に暮らしていたのだ。しかし異端審問により、イスラム教徒とユダヤ教徒は改宗するか、でなければ住み慣れた土地から出ていくしかなくなった。このとき、彼らを識別・選別する基準に使われたのが、肌の色である。イスラム教徒やユダヤ教徒は北アフリカの家系が多く、キリスト教徒は一般に、肌が白かった——血管が透けて見えるほど、色白なのだ。そして透けて見える血管は、青色だった。こうして、“青い血”は純粋なキリスト教徒であることの証明となる。

19世紀に入ると、イギリスで階級意識をもつ者たちが“青い血”を採用し、これが貴族の証とされた。いうまでもなく、肌の色にかかわらず、流れる血は赤い。色の薄い皮膚が吸収・反射する光によって、血管が見る者の目に青みを帯びて映るにすぎない。

アメリカカブトガニから青い血液をとっているところ。薬に含まれる毒素の検出にとても役立つ

このような階級差別とは無関係に、海にすむアメリカカブトガニの血液は青い。動物の血液は一般に鉄分を多く含むが、カブトガニの場合は銅が豊富で、それが酸素と混じって美しい青色を呈する。そしてこの青い血によって、人間の医療に大きく貢献してくれるのだ。青い血液は種々のバクテリア毒素を凝固させるため、有毒物質の検出や、薬剤、予防接種の安全性の確認に利用されている。

アメリカカブトガニの血液は、ウサギの命も救った。以前は毒性の検査に、膨大な数のウサギが使われ、悲しい運命をたどったからだ。アメリカカブトガニは、血液採取が終わると海に帰され、85パーセントが健康な暮らしをとりもどすといわれる。

青い足で求愛するアオアシカツオドリ

青い足でダンスする

アオアシカツオドリは、海鳥のなかでもひときわ目立つ。オス、メスともに、足が鮮やかな青色なのだ。メスのほうがオスより大きく見えるが、もっているものを存分に活用するのはオスのほうだ。繁殖期になると、オスは尾を上げ、翼を広げ、首をそらして空を仰ぐ。それから栄えある青い足の片方を上げ、下ろしては逆の足を上げ……メスの前でダンスを披露するのだ。

基本的には一夫一婦制なので、メスは慎重に伴侶を選ぶ。抱卵はオスとメスが交代で行なうため、メスは健康で丈夫なオス、子育てに長けているオスを見きわめなくてはいけない。結局のところ、すべての答えは青い足にあるようだ。足の色がきれいなのは健康な証であり、これは来るべき子育てにも関係してくる。オスもメスも青い足で卵を温め、孵化した雛も同じく足で温めるのだ。ただ残念なことに、結婚生活がしばらくつづくと、足の色は消えていく。もはや求愛ダンスをする必要がないからだろう。

青い食事でブルーになる

それほど多くないとはいえ、古代でも現代でも、青色の食料は人

間に病気や、ときに死をもたらすことがある。有毒なカビ、腐った肉、毒をもつ果肉、特殊なキノコはたいてい青みを帯びているだろう。リンゴやカボチャ、マメに真っ青なものはない。青色でも食べられるのは、ブルーベリー、ブルーコーンやブルーポテト（このふたつは紫っぽい）、ブルーチーズくらいではないか。ブルーチーズの場合はカビだが、これはまったく無毒だ。調査によると、人間がもっとも食欲をなくす色は青とのこと。青色のものはそう多くはないし、食べると具合が悪くなったり、ときには命の危険もあることから、人類は青色に食欲をかきたてられるようには進化しなかったのだろう。

ブルー・フード

ブルーベリーを代表として、青い食べものがすべて有毒とはかぎらないものの、マジックマッシュルームのように幻覚を引き起こすものもある。キノコ狩りをする人は、幻覚を見たくなければくれぐれも気をつけて。傘の下の柄が青っぽいのは要注意だ。

種類	からだによい	からだに悪い	影響・効果
ブルーベリー	○		免疫力アップ
アメリカヅタ		○	死
食品のカビ		○	アレルギー、呼吸器障害
古い肉		○	胃腸障害
マジックマッシュルーム	×	×	幻覚作用

マジックマッシュルーム

光に救われる

青い光はわたしたちの気持ちの状態に大きな影響を与える。気分がブルーなときは、青い光に癒されることも多いだろう。光が人間の概日リズム（体内時計）の要素であることは、昔から科学的にも知られていた。外界から受けた刺激を体内時計にとりこんで、いつ活動すればよいか、いつ眠るか、そして眠るためのホルモンの流れが調整される。かつて、光のなかでもとくに青い光と概日リズムの関係を説く研究者もいたが、結局は証明されずに終わってしまった。その後1998年、青色光にとりわけ敏感な新しい光受容体が魚で見つかった。これは既知の受容体とは異なるため、科学界ではなかなか受け入れられず、ましてや人間にもあるとは、とうてい考えられなかった。しかし、同種の受容体をもつ遺伝子操作されたマウスで実験を重ねた結果、人間を含む哺乳動物の光と色の感度は、それまで考えられていたよりはるかに複雑であることがわかってきた。

そして青色光は、ほかにも影響を与えることが明らかになった。発見された新しい受容体で感知されると、体内時計だけでなく、脳のいろいろな部分――警戒、睡眠、ホルモン分泌、瞳孔の大きさをコントロールする部分――にメッセージが送られるのだ。この受容体は周囲の全体的な明るさを無意識のうちに気づかせ、その情報が生理や行動を調整しているらしい。

現在のところ、青い光は健康面の種々の問題――季節性情動障害、うつ病、痴呆、月経前症候群（ＰＭＳ）、摂食障害等など――の治療に効果があることがわかっている。ほかにも、教室における子どもたちの集中力向上、福祉施設における記憶障害やうつ病の治療、工場の夜間勤務など、青色光の有効利用に関する研究は数多い。夜勤生活を20年つづけてもなお、勤務者の体内時計は夜間労働に対応しないのだ。日勤と同じ明暗サイクルが維持されるのは、工場内の光が比較的暗いことと、通勤途中で自然の白光にさらされるためだといわれる。その結果、夜勤者はつねに、体内時計が「眠りたい」と訴えているなかで働かなくてはならない。日勤者よりも夜勤者のほうが、事故率がはるかに高いことにもそれは表われている。そこで工場に青色光を導入し、無理なく注意力を高める工夫がなされている。

また、発見された受容体は、盲目に対する考え方を見直す大きな機会も与えてくれた。目の視覚細胞は、遺伝的な病気のために失われることがある。ところが、この新しい受容体は働きつづけるのだ。目が見えなくても、青に敏感な細胞が生きていれば日中の光を感じとり、明暗サイクルを調整する体内時計を維持できる可能性がある。

なぜわたしたちはこれほどまでに、青い光の影響を受けるのだろう？　確かな答えはまだ出ていないが、新しい受容体は、雲ひとつない晴天とほぼ同じ青光に同調する。だからわたしたちは、晴天のもとではあらゆる輝きを感じとれるのだろう。また面白いことに、この受容体が示す青色感度は、異なる動物種でも変わらず同じなのだ。たとえ種が違おうと、みな同じ光の信号を――おそらく、抜けるように青い空を求めてやまないのかもしれない。

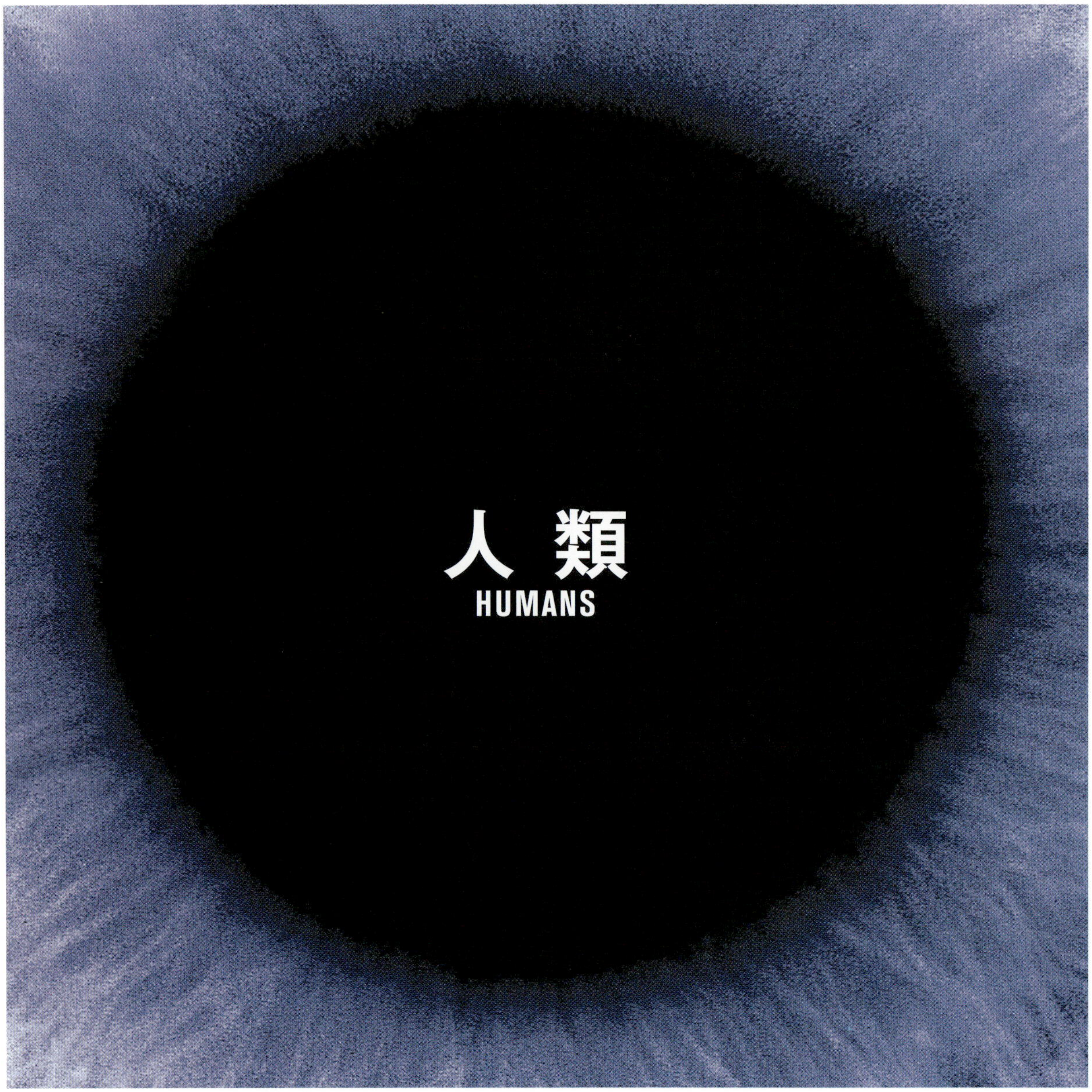
人類
HUMANS

動物界は色どり豊かだ。濃淡、明暗とりまぜて、この世のあらゆる色合いがあるようにすら思える。ところが人間に目をやると、ほかの動物たちに比べ、なんとも冴えない。皮膚の色はかろうじてピンクから、濃さの違うブラウン系くらいで、鮮やかな色ときたら皆無だ。真っ青な瞳とか真っ赤な髪といったところで、チョウの羽や鳥の翼に比べたら、まったくたいしたことはない。

人間と色彩の関係を考えていくと、ふたつの難問に直面する。生物のなかでも色味の貧弱な人間が、なぜかほかの哺乳類の大半より、ほかの多数の動物種より、もっと多くの色を見ることができるのだ。そして人類全体の皮膚、髪、瞳の色は限られていながら、地球のどの地域の出身か、どの種族に属しているかで、それぞれの色合いがずいぶん違う。わたしたちの世界では、ささやかな色が、とても大きな意味をもつことがある。

女性が鑑賞しているのは、ドイツの画家ゲルハルト・リヒターの〈1024色, 1973〉だ。「ゲルハルト・リヒター：パノラマ」展、ポンピドー・センター、パリ、2012年7月4日

この難問は、わたしたちが大きな脳をもっていることで、部分的には説明がつく。たくさんの色を見分け、対象物を知覚できる能力が、わたしたちをこの世界で生かしてくれる。知覚の力を意識することはほとんどないものの、わたしたちの世界は色を通してつくりあげられ、わたしたちの行動は色によって導かれる。

人は色を利用し、酷使し、愛し、そして嫌う。と同時に、つねに色に囲まれて暮らし、色がついたものに――それが皮膚だけのこともあるけれど――つねに包まれている。

ただし、人間は昔から、いまと同じだけの色が見えていたわけではない。先祖の霊長類は基本的に夜行性で、モノクロまたは２色覚で歩き、暮らしていた。そして脳が発達し、昼間に過ごす時間が長くなると、色の重要性が増した。視覚野が複雑な情報も扱えるようになり、３つめの錐体が発達して３色覚に進化し、見える色が一気に増えた。

わたしたちは感覚機能のなかでも、とりわけ視覚に頼っている。ほかのどの動物種より、その依存度は高いといっていい。つねに目

から情報を得て、大脳新皮質の８割以上が、なんらかのかたちで視覚に関係している。大脳新皮質とは、大脳表面の皮質のうち、知覚や言語、思考などの複雑な機能を担当する部分だ。

では、人間は何色くらい見ることができるのだろう？　10万色？　50万？　100万？　平均で、1000万色だといわれている。

人間の色素

髪の色は、純白から漆黒まである。瞳の色は淡いブルーから、複雑な色合いのハシバミ色に濃褐色。肌色はほんのりピンクからこげ茶色だ。信じがたいことに、髪も瞳も肌も、色はたった一種類の色素――メラニンによって決まる。アフリカ人と北ヨーロッパ人の肌色の違いは、皮膚の外層にあるメラニンの量が多いか少ないかの違いだ。瞳の色が茶色い人は、ハシバミ色や緑色、青い瞳の人よりもメラニンを多くもつ。瞳の色が緑や青であれば、おそらく皮膚の色も白いだろう。すでに記したように、この種の色は色素そのものの色ではなく、光の散乱によって生まれる。青い瞳にメラニンは微量しか含まれておらず、緑の目は黄色タイプのメラニン（フェオメラニン）が光の散乱の青色と混じりあって緑に見える。メラニンが褐色、黒、赤、ブロンドの髪をつくるのに対し、白髪はメラニンを含まない。また灰色は、多少のメラニンを含んでいる。

アラスカの先住民の肌色は、気候が暖かい地域に暮らす人びとの肌色に近い

フランスのアーティスト、ピエール・ダヴィッドは“白”から“黒”まで、肌の色の微妙な違いを虹のかたちで描いた

植物や他の動物種と同じく、人間の髪、目、皮膚が色素をもつのには、それなりの理由がある。メラニンは、自然の日焼け止めなのだ。わたしたちが暮らす地球には日光がさんさんとふりそそぎ、メラニンなしでは、太陽の紫外線放射に耐えることができない。太古の先祖は日光をたっぷり浴びる地域で暮らし、そのためメラニンという有益な色素を細胞内にたっぷりつくった。

皮膚にメラニンが大量にあれば、全体的な免疫力が高まって、癌

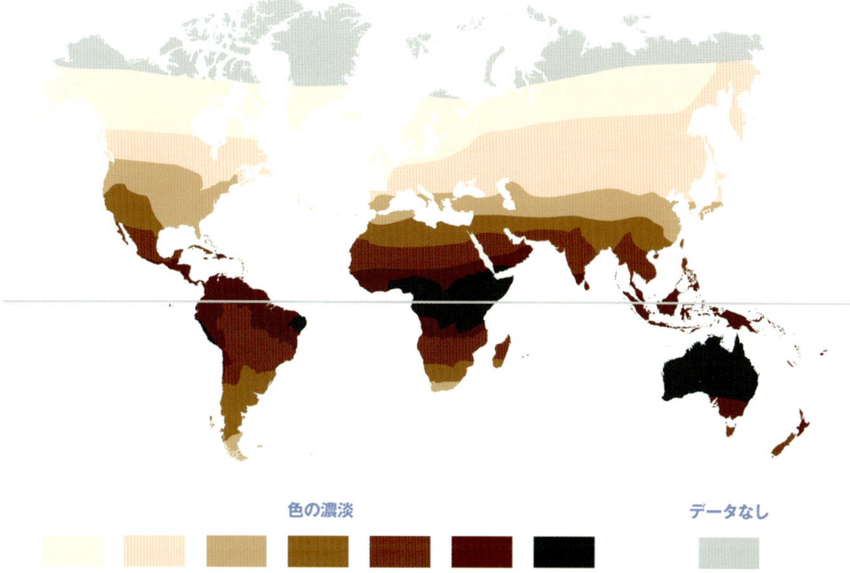

肌の色が赤道からの距離でどのように異なるかを示した肌色マップ

をはじめとする病気の予防につながる。研究調査によると、皮膚の色が濃いほうがパーキンソン病、多発性硬化症、二分脊椎症の罹患率が低く、陽光から受けるダメージへの耐性があるため、皮膚の老化のスピードも遅い。

大量のメラニンの短所といえば一点、ビタミンDの生成をさまたげることだろう。栄養素のビタミンDは、皮膚にダメージを与える紫外線によって生成、活性化されるからだ。ビタミンDは、腸内でカルシウム吸収を促進する。骨から脳、免疫系まで、ビタミンDはわたしたちが生きていくうえで欠かせない栄養素だ。人類がアフリカから、光の量が少ない北ヨーロッパなどへ移動すると、メラニンは減少し、肌の色は明るくなって、ビタミンDの生成量を増やした。

上の地図には、雪に覆われた地域で長い歴史をもつ人びとは含まれていないが、このような地域では、肌色は濃くなる傾向にある。というのも、純白の雪が紫外線をよく反射するからだ。戸外に出れば、気温は低くて寒いものの、浴びる光は焼けるように熱い。その結果として、肌色の濃さが増してゆく。

顔色、肌色、皮膚の色

目に見える色数は多いのに、からだの色数が少ないのはなぜか？ 一般には、ほかの動物たちと同じく、人間の色覚も熟れた果実を見つけるために発達したといわれている。たしかに、納得がいく話ではある。しかしここに新説が浮上し、これにもまた説得力があった。人がさまざまな色を見るのは、肌色に原因があるというのだ。

自分の皮膚を見てほしい。何色をしているだろうか？　その色を言葉で表現すると？　桃色とかチョコレート色だと思った人は、どうか実物と見比べてほしい。モモやチョコレートのかけらを自分の皮膚の横に置いてみると——ほぼ間違いなく、同じ色ではないだろう。よくよく考えれば、肌色を正確に表現する言葉がないのはとても奇妙だ。先祖にはいろんな肌色の人がいたのだから、生まれてから死ぬまで変えることのできない皮膚の色をきちんと表現する言葉を考えだしてもよさそうなものではないか。

スリナム

民族集団：ヒンドゥスターニー 37%，クレオール 31%，ジャワ 15%，マルーン 10%，アメリカインディアン 2%，中国 2%，白人 2%，その他 2%

フィンランド

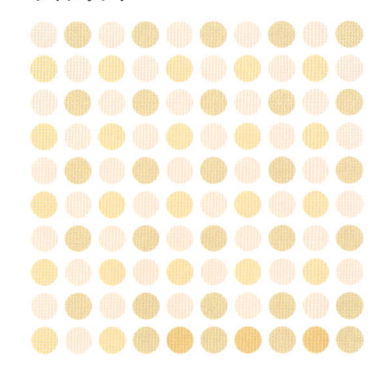

民族集団：フィン 93.4%，スウェーデン 5.7%，ロシア 0.4%，エストニア 0.2%，ロマ（ジプシー）0.2%，サーミ 0.1%

南アフリカ

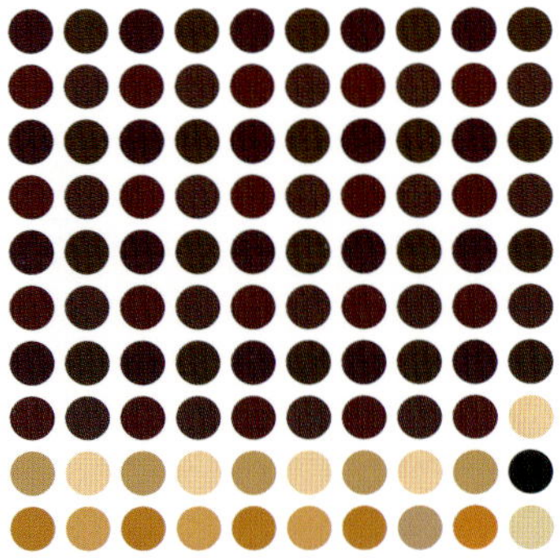

民族集団：ブラックアフリカン 79%，白人 9.6%，有色人 8.9%，インド／アジア 2.5%

カタール

アラブ 40%，インド 18%，パキスタン 18%，イラン 10%，その他 14%

オランダのデザイナー、レイネケ・オッテンは肌色マップをつくり、各国の人口、気候、経済、政治、社会慣習とのつながりを示そうとした。彼女はこう語っている――「わたしたちの惑星は、肌色の構成が一定していません。移住や国際結婚、化粧品、戦争、列車、飛行機、自動車によるものですが、地球の肌色の“鳥瞰図”はこれからも変化しつづけていくでしょう」

しかしこれは、想像以上にむずかしい。皮膚の色を明確に定義するのは、きわめて困難なのだ。現実に、肌色は変化する。内と外の多種多様な要因によって、昼でも夜でもいつでも、色合いを変えてしまう。からだが熱いとき、冷えたとき、病気になったとき、怒っている、あるいは怯えているときなど、皮膚はその持ち主の状態を映し出すのだ。怒りで顔が真っ赤だとか、恐怖で青ざめる、ショックで顔面蒼白……というのは、けっして根拠のない表現ではない。顔色の変化を目で見て、心にとめるからだ。実際に、顔の色が赤や青、紙のように真っ白になることはないが、そのような気配が“顔色”となる。

日常生活で人と接するとき、その人が体調をくずしているか、怒っているか怯えているかを感じとれるのは大切なことだろう。だから当初は熟れた果実を見分けるためだったにせよ、わたしたちの視覚は仲間の状態の変化に気づくよう進化した。言い争っているうち、相手の顔が紅潮してきたら、引き下がるタイミングかもしれない。愛する子の肌が青っぽく、あるいは黄色っぽく見えたら、母親は病院に連れていくだろう。

これと同じように、衣類をまだ身につけていないころの先祖も、見知らぬ者に出会ったときの第一印象は、肌の色が重要な要素だった。生物学的にいえば、皮膚の色はメラニンの量によって決まるにすぎない。もっている色素は、人類みな同じなのだ。しかしそれでもなお、わたしたちは同類を人種によって区別し、肌の色の違いを重く見る。肌の色が戦争を引き起こし、仲間を奴隷にし、種族の運命を大きく変えて、ばかばかしい、恥ずべき思い込みを根づかせた。しかも悲しいことに、その思い込みは現代でも生きつづけている。皮膚の色とメラニンの関係がわかり、全身のごく一部の肌しかさらけだしていないというのにだ。

宇宙にあるすべてのものが色だけで特徴づけられるのなら、このようなことにも意味があるだろう。動物は仲間の色を重視し、その点ではわたしたち人間もたいして変わらないといっていい。もし、さまざまな色を見分ける色覚に恵まれていなかったら、匂いの違いで戦っていたかもしれない。匂いを嗅ぐ儀式を長々とやって階級を決定し、最初のひと嗅ぎで恋におちるのだ。

視覚の要素

人間の視覚が、黄色い果実を見分けるためだろうと、赤ん坊の病気を察知するためだろうと、あるいは相手の怒りを感じとるためであろうと、色を見分けることができるのは、3色覚のおかげである。この“3”は、網膜に3種類の錐体があることを指している。21ページでも語ったが、3つの錐体は可視光のそれぞれ異なる波長域に敏感だ。短波長（青とバイオレット）、中波長（緑と黄色）、長波長（赤とオレンジ、黄色）で、3つの錐体は青錐体、緑錐体、赤錐体とも呼ばれる。この錐体がなければ、光が目に入っても色を知覚することはできない。

黒白つける？　それとも灰色？

肌の色の呼び名に苦労している地域は多いだろうが、ブラジルだけは例外だ。複雑な歴史をたどってきたブラジルには、さまざまな肌色の人が暮らし、その呼び名もある。

南北アメリカにやってきたヨーロッパ人は、自分たちと先住民の間に明確な線を引き、その結果、白い肌色は白のまま維持された。しかしブラジルの場合、植民者たちはそんな線引きをしなかった。主として人口を増やすため、肌色の薄いヨーロッパ人は肌色の濃い地元民との結婚を奨励された。

１７世紀になると、植民者はひとつの問題に気づいた。白い肌の女性が少ない半面、アフリカ人奴隷は多いのだ。１９世紀後半、白人は他の人種より優れていると主張する社会ダーウィン主義者たちがブラジルにやってきたものの、時すでに遅しだった。彼ら“科学者”たちは、住民の肌色が多様なことに困惑する。“優秀”と“劣等”の境界線をどこに引けばよいか——彼らの意見はまとまらなかった。

独立後のブラジルにも人種意識がないとはいえないが、南アフリカやインド、アメリカ合衆国に比べればはるかに低い。そしてこの受容の感覚が、さまざまな肌色を指す言葉を生み出した。「ムラート」ひとつとっても、合衆国におけるような人種差別的含みはない。

ALVERENTA
水中の影

PARÁBA
マルパ（木材）の色

JAMBO
ブラッド・オレンジの果肉の色

COR-DE-CANELA
シナモンふうの色

MORENA-CASTANHA
カシューナッツのような淡褐色

TRIGUEIRA
小麦色

ROSA-QUEIMADA
光沢のあるローズ

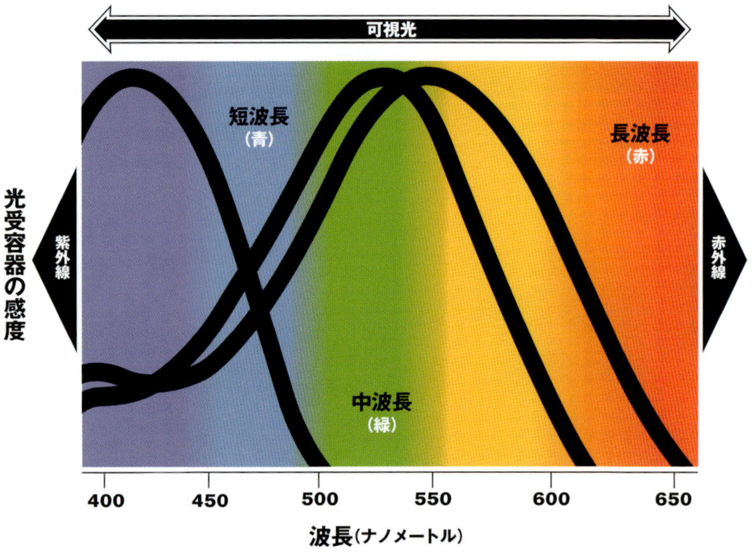

長波長に反応する錐体は「赤錐体」と呼ばれるが、この図のように、
感度がピークになるのは赤ではなく黄色の部分だ

錐体が脳に電気信号を送り、脳はどの錐体が活発かを比較して、それに従い色を決定する。脳は各錐体がピックアップしているものとしていないもののデータ分析を行なうのだ。じつにすばらしい能力で、この比較分析により、わたしたちは赤からバイオレットまでの色を識別できる。

もうひとつすばらしい点は、たった３つの錐体で、1000万もの色を見分けられることだろう。脳の処理能力は微妙な違いも漏らすことがなく、その量は膨大だ。ただし、各錐体の全活動を一気に感じとると大混乱に陥るので、脳は入ってくる感覚をとりあえず単純化する。その結果、わたしたちは時間とエネルギーをかけて「オレンジっぽい赤のソファに小さな青い染みがついている」とは考えず、色をグループ化してシンプルに“このソファは赤い”と思う。

なかには分析システムが順調にいかず、一部の色が見えにくい人もいる。大半は遺伝によるものだが、いわゆる色覚異常の遺伝子はＸ／Ｙ染色体のうち、前者にのみあらわれる。そしてＸ染色体をひとつしかもたない男性（ＸＹ）に対し、女性（ＸＸ）にはふたつあるので、どちらかひとつが正常型であればよい。女性の色覚異常の発生率が、男性より圧倒的に低いのはそのためだ。

色覚異常の多くは赤と緑の区別がつきにくいが、まれに青と黄色の場合もあり、錐体がまったく機能しないケースでは灰色の影しか見えない。

色覚に関してはもうひとつ、女性に限って遺伝的なものがある。

見える色の違い

色覚異常では、２色覚が多い。いわゆる赤と緑の区別がつきにくいが、３つの錐体の働き方によって、見え方が少しずつ異なる。１型では赤錐体、２型では緑錐体、３型では青錐体が働かない。

ルネ・マグリットの《光の帝国》は、人間の錐体と桿体の働きをみごとに表わしている。絵の下半分では、グレーのさまざまな色合いを感じられるが、街灯の白っぽい光を除いて、明るい色はほとんどない。かたや上半分には微妙な明暗などなく、晴れやかな青空と純白の雲のコントラストが美しい

これはある意味、大きな資産ともいえるが、赤とオレンジ、黄色にきわめて敏感な４つめの錐体をもつ人がいるのだ。もしあなたが女性で、これはサーモン色であって桃色ではないとか、過去に色の問題で議論した経験があるなら、ひょっとすると錐体を4つもっているかもしれない。

明るさ暗さ

すでに記したように、錐体と違って桿体は、色の区別をしない。その代わり、とても感度がよく、明るいか暗いか、輝度が高いか低いかを感じとる。人間のもつ桿体細胞の数は錐体よりはるかに多く、錐体細胞の約６～７百万に対し、桿体細胞は1.2億もある。自分の桿体の働きを実感したければ、晴れた日の夜、戸外に出て夜空をな

がめてみるといいだろう。光がほとんどないので錐体は働かず、個別の色は見えないものの、錐体のそばにいる桿体が懸命に働く。ほんのり光る星をさがして、しばらく見つめてみてほしい。ぼんやりとしか見えないだろうが、その後、少しばかり目をそらすと——その星を周辺視野に置く——もっと明るく光って見えるにちがいない。桿体が周辺の情報を集めることでこうなる。

色はいつも同じ？

桿体と錐体はつねに情報をとりこみ、脳はつねにそれを処理している。また、脳は破綻のない世界をつくるため、時に応じてちょっとしたことをやってのける。そこにあるのは××色だと信じたら、××色をつくりあげてしまうのだ。

たとえば、あなたはレモンを見るたびに、それがどんな色かを見きわめる。このとき、もし脳の調整機能がなかったら、光の種類によってレモンの色は変わって見えるだろう。暗がりでは茶色に、まばゆい陽光のもとでは青白く、炎のそばではオレンジ色に……。しかし、脳は補正計算ができるので、わたしたちはレモンを見ると、つねに黄色だと思う。これは色彩の適合性または恒常性と呼ばれる。

下の写真Aを見てほしい。これには青緑色のフィルターをかけてある。左から３人めの女性が着ているサリーは何色だろうか？

A.

正解は、黄色だ。下はフィルターをかけていないオリジナルの写真で、たしかにこの女性は黄色いサリーを着ている。

B.

ではつぎに、下の写真Cを見てほしい。Aの３人めの女性をBのそれに重ねたものだ。これが色彩適合の例である。

C.

このように、Aのサリーの色は、実際には緑なのだ。しかし、青緑色のフィルターがかかっているため、脳はそれに適応し、調整しようとする。その結果、女性のサリーの色は緑ではなく黄色だと判断するのだ。

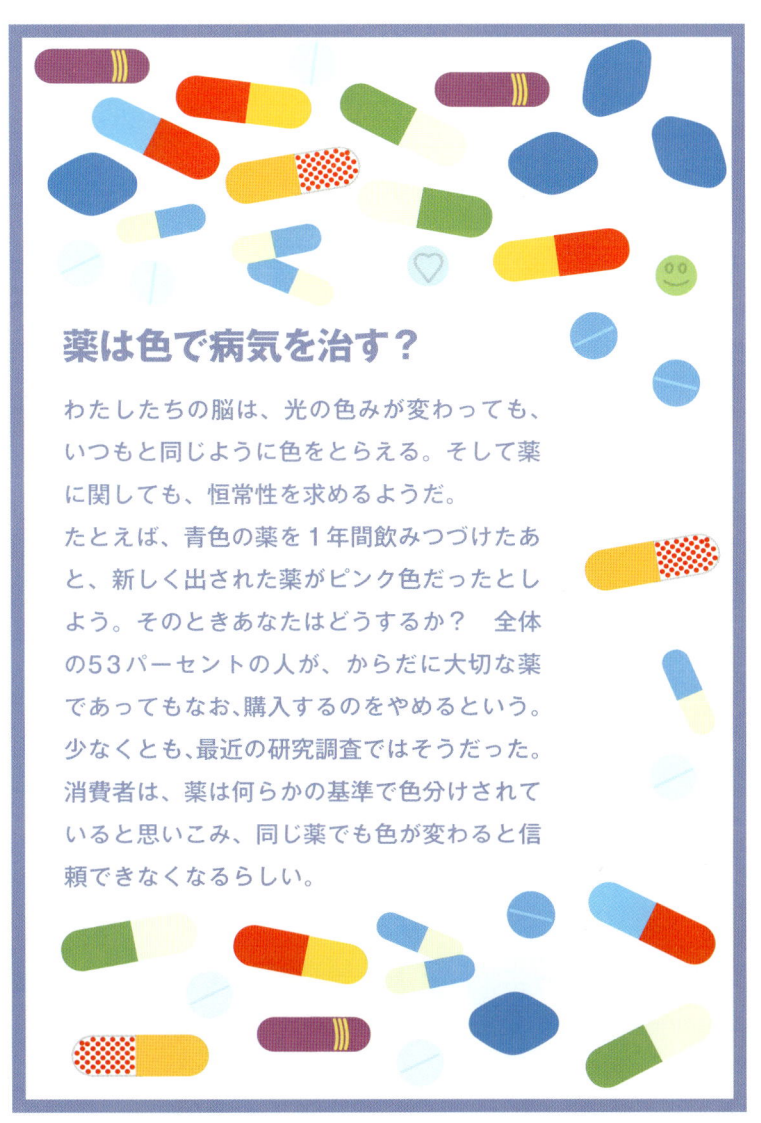

薬は色で病気を治す？

わたしたちの脳は、光の色みが変わっても、いつもと同じように色をとらえる。そして薬に関しても、恒常性を求めるようだ。

たとえば、青色の薬を１年間飲みつづけたあと、新しく出された薬がピンク色だったとしよう。そのときあなたはどうするか？　全体の53パーセントの人が、からだに大切な薬であってもなお、購入するのをやめるという。少なくとも、最近の研究調査ではそうだった。消費者は、薬は何らかの基準で色分けされていると思いこみ、同じ薬でも色が変わると信頼できなくなるらしい。

これと同様の現象は、光がほとんどない場所から非常に明るい場所に移動したときにも起きる。たとえば、深夜に部屋の照明をつけたとき、直後は部屋のなかのものがどれもまぶしく輝いて見えるだろう。が、じきに目が慣れて、いつもの色がもどってくる。種々の色を同時に大量に見せられたときにも、同じことは起こる。

わたしたちの目は、過剰な刺激から立ち直るすばらしい力をもっているのだ。ためしに、下の飛行機の写真を見てほしい。左が青色で、右が黄色で上塗りされているのがわかるだろう。ではつぎに、青／黄の四角形の中央にある黒丸を、30秒ほど見つめてほしい。それから視線を下げて、飛行機の写真中央の黒丸を見ると――。

写真の左右に違いはなく、同じように見えるのではないだろうか。脳が上塗りの色を無視したからで、これも色彩適合の一例である。

色彩語彙

> われわれは本質において、ふたつの目ではなく３つの目で見ている。身体のふたつの目と、その背後にある心の目だ。
>
> ——フランツ・デリッチ、1878年

わたしたちの脳は、錐体と桿体を経由するあらゆる情報をとりこんで、それを過去に見たものに基づき解釈し、光の状態に応じて調整し、色を表わす言葉を用いて知覚する。

目にする色はどれも、それただひとつしかない独自の色だが、脳が色みや明暗でカテゴリー分けしてくれるので、わたしたちは数えきれない色名を学ばずにすむ。だからこそ、何を見たかを即座に、かつ容易に他者に伝え、理解してもらえるのだ。

実際、大部分の人間は——女性より男性にあてはまるが——無数の色をいくつかの小グループにまとめてしまう。たとえば圧倒的多数の人が、ターコイズ、ティール、ロイヤル、コーンフラワーを単純に“ブルー”と表現するのではないだろうか。脳にはこれらの色合いを識別できる力があるというのに、わたしたちはその力を言葉にして証明できない。

その理由のひとつに、こんにち色彩語として使われる基本的なものさえ、過去には存在しなかったことがあげられる。虹の色も、名前をつけるのに長い、長い歳月がかかったのだ。また、どこで暮らしているかによって、色彩語は異なる。現在も黒と白以外の色彩語をもたない種族もいて、彼らはテクスチャーや光沢で表現する。たとえば日本でも、さまざまな色が風合いと艶によって語られる。このような文化では、見える色が少ないのだろうか？　19～20世紀を通じて、語彙（またはその欠如）が生物学的な違いを明らかにするか否かに関し、激しい議論がかわされた。だれかが“黒い空”といったとき、その人は青を見ることができないのか？　明らかに、答えは「ノー」だ。とはいえ、色名が辞書に加わってはじめて、その色は命を吹き込まれたといってよいだろう。いったん名前がつけば、わたしたちはその色について語り、名前がなかったころよりもっと頻繁に目を向けるようになるのではないか。

色名はかならずしも正確には使われない。赤キャベツは紫色に近いし、白ワインはけっして“白”ではない。“肌が黒い”というときも、濃淡さまざまな褐色を指している

色名がついた順番を見ると、先祖の世界がどのような色でできていたかが想像できる。文化を問わず、もっとも早かったのは黒と白だ。そしてつぎに赤が来る。これ以降は文化によってまちまちだが、一般的には黄色か緑だろう。それから青や紫がつづく。オレンジやピンクなどは、かなり後発だ。独立した名前をもらうまでは、既存の色名にひっくるめられていることが多い。たとえば青と緑の場合、たいていは緑が先で、そこに青が含まれていた。

芸術の歴史も、言葉と色の関係についてたくさんのことを教えてくれる。虹が描かれていれば、とりわけだ。12世紀まで、絵画に登場する虹は赤と緑と、このふたつにはさまれた白の３色だけだった。ルネサンス期になってからほかの色が加えられ、18世紀のニュートン以後に、こんにちのような色になる。顔料の有無も要素のひとつだが、色彩に対する認識は、語彙をベースにして発達した面も確実にある。

すでに語ったように、虹はどのように分解できるか、つまりどんな色で構成されているかは、人間の恣意的な解釈による。それがよく表われているのはロシア語だろう。ロシアの教科書を見ると、虹

わたしたちの目は微妙な色の違いもとらえられるのに、色彩語彙は驚くほど少ない。ためしに、思いつく色名を書きだしてみよう。時間制限は１分だ。1000種類くらいは書けるだろうか？

とんでもない！　20も書けたらいいほう……ではないか？

上は12世紀の３色の虹。下はアメリカの画家エルズワース・ケリーの作品、〈スペクトラム〉シリーズ

の説明に使われる“青”には２種類ある。ひとつはголубой(goluboy)でライトブルー、もうひつはсиний（siniy）でダークブルーだ。色の違いは英語のピンクとレッドに似ていて、この２色を区別しない文化圏もたくさんある。視覚は言語に影響されるのか？　ロシア人はアメリカ人とは違う色を見るのだろうか？　おそらく、答えは「イエス」だ。シンプルながら核心をつく実験によると、脳は色名をもつ色を、無名の色とはべつに処理することがわかった。たとえばある実験で、被験者につぎの３つの四角を見せた。

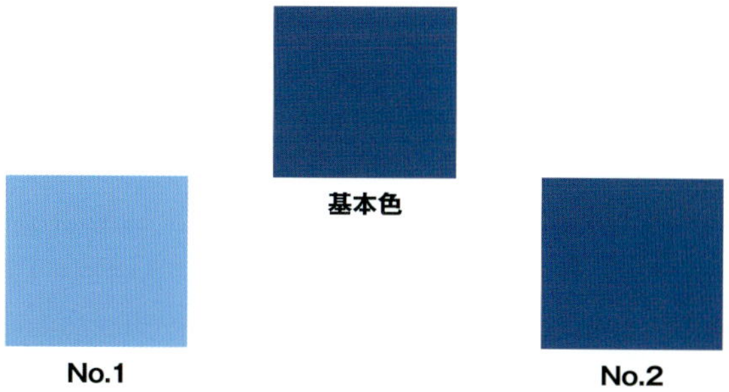

そして基本色と同じ色はNo.1かNo.2かを尋ねたところ、１と２の色合いが明らかに異なる場合は即座に回答が得られた。しかし、色合いが似通っていると、被験者は悩んでしまい、回答するまでに時間がかかった。

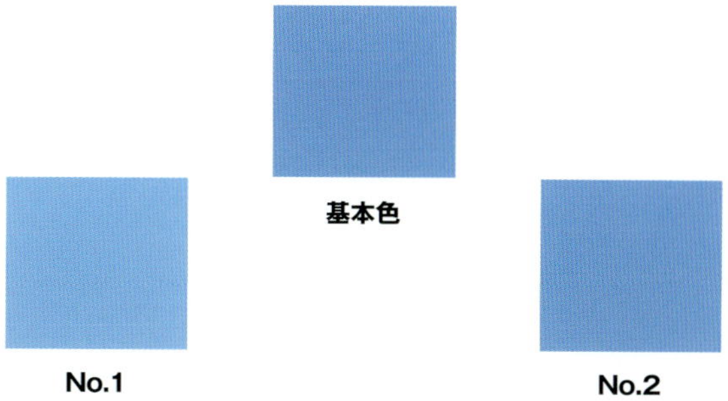

同じ実験をロシア人対象に行なったところ、非常に面白い結果が出た。基本色がミディアムブルーの範囲にあると、被験者は１と２の見きわめに長い時間を要したのだ。異なるほうが基本色よりかなり明るくても、あるいはかなり暗くても、同じように時間がかかる。

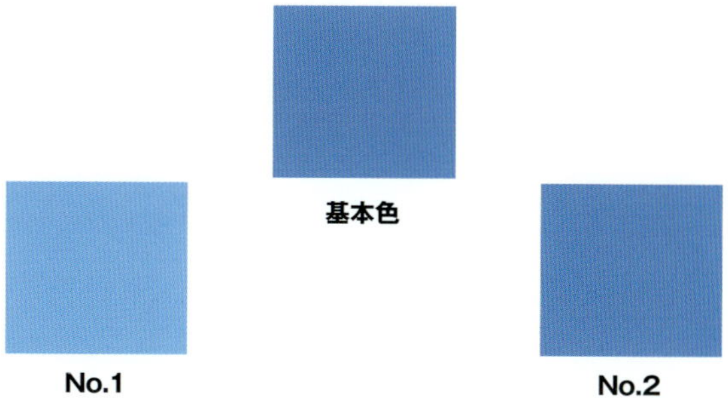

基本色がgoluboyとsiniyの中間にある場合、ロシア人被験者は見ている色の名前を考えつつ、二重の確認作業をしてからでないと片方を選べなかったと思われる。

色に名前をつけよ

日々、色彩を相手に仕事をしている人でも、色名は1万どころか、100も言えないのではないだろうか。仕事で使っている色も、喉まで出かかっているのに思い出せないことがある。現実に、色のネーミングは広告産業の領域になった。特定の色に気の利いた名前がつけられると、言語を処理する脳がわたしたちにそれを見るよう伝え、ひいてはその色の絵の具を買ってしまったりする。

19世紀、化学工業が発達して多彩な塗料、染料がつくられはじめると、色に名前をつけることが重要になった。さまざまな色合いの塗料を、少ない語彙では表現しきれない。現代の色見本には、「刻んだウイキョウ」のように発想力豊かな色名もあれば、「猫のニャーオ」など思わず笑ってしまうものもある。後者はどんな色なのか想像もできなければ一片の情報も含まれず、深遠なる命名としかいいようがない。

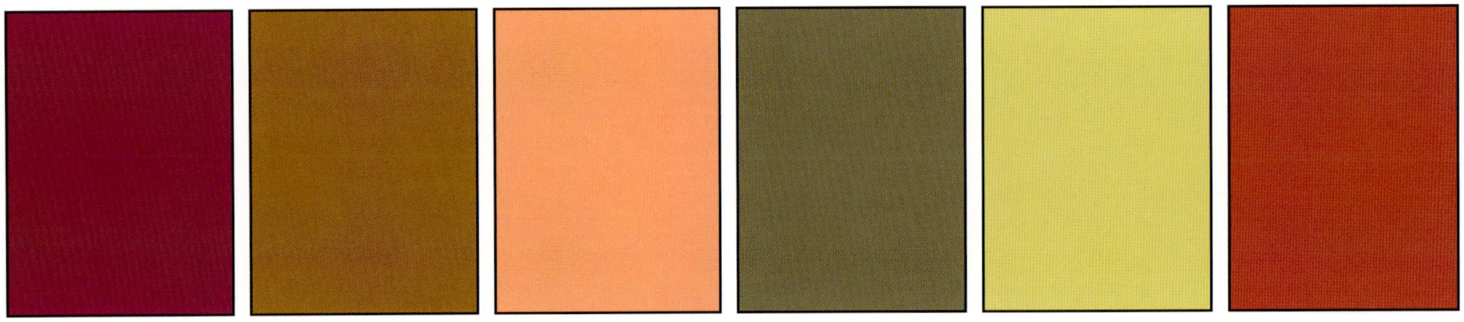

捨てない希望　ブラットヴルスト(ソーセージ)　シュナップス(蒸留酒)　テラリウム　イヌの息　天使の矢

この実験では明らかに、ロシア人の脳はほかの被験者よりも多くのことをこなしていた。彼らはほかの者が見ていないものを見て、それが判断を遅らせたのだ。

類似の実験でも、結果は同じだった。名前と視覚は連結していると考えてよいのだろう。いま見ているものは、脳の言語センターの活動具合によって変化する。

色の道標

わたしたちの色覚は、ほかの動物の色覚と同じく、食べてよいもの、恐れるべきもの、誘惑してよい相手を判断するのにひと役買っている。人間は自然界の勤勉な学生で、自然が提供する例題を学習しながら、自分の案内図（文字どおりでも、比喩的な意味でも）の色使いを決めていく。そして色に案内されて、どの方角に行くか、いつ停車し、いつ発進するか、何を買うかまで判断するのだ。わたしたちは独自のカラーコードをつくりあげ、それが行動のほぼすべてに影響を与える。

地図と図表

地下鉄路線図に天気図、ヒトゲノムマップ、あるいは信号機に道路標識、テロ警告システム、さらにはベン図、円グラフ、フローチャート、安全色彩基準、編み物のニットパターン、リフレクソロジーのフットチャート……。わたしたちは色を使って知的に分解して

先史時代のラスコー洞窟の壁画レプリカ。横に並ぶ点は古代の人びとが見た星座だといわれている

は、世界を再構築する。

岩面に炭で絵を描いて以来、人間は色を使って地図や図表をつくってきた。町であれ大海原であれ、果てしない宇宙さえも、地図や図表がガイド役をしてくれる。紀元前1万6000年まえのラスコー洞窟にも、点で星図が描かれていた。

地図と図表に色はつきものだ。地図製作の歴史をふりかえると、色には大きくふたつの目的があった。ひとつは情報の提供で、もうひとつは装飾だ。ここは水域、ここは陸地、領土はこのように分割されている——。図表に色をつければ、複雑難解だったものがひと目で容易に把握できる。色は人の注意をひきつけ、かつその目をとらえて放さない。

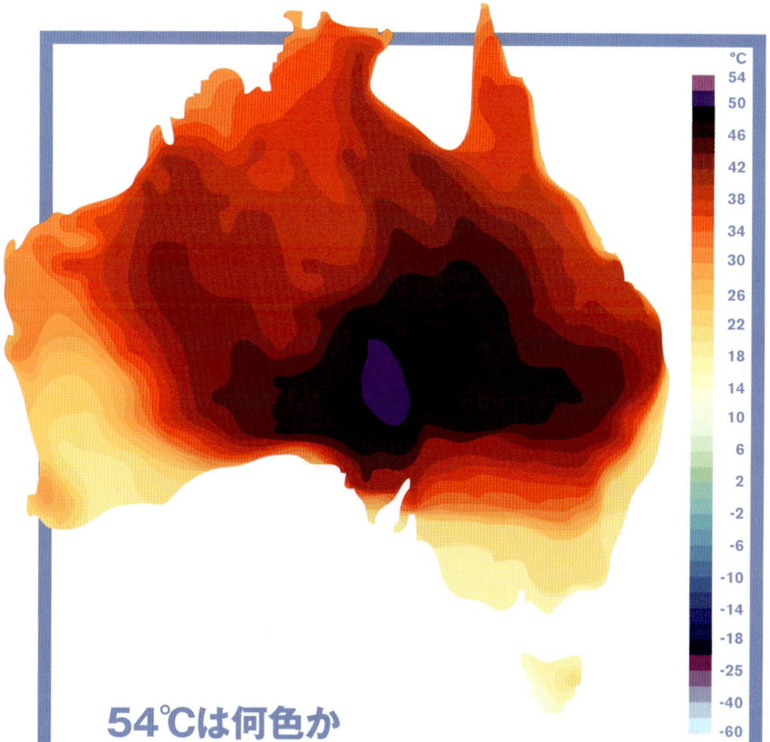

54℃は何色か

難題を克服して制作された気温分布図は、色の情報伝達がいかに速いかを示す好例といえるだろう。オーストラリアは記録破りの暑さだった。天気図では一般に、気温の高低を虹の色で表現するが、このときは文字どおりの“記録破り”で、気温の高さを示そうにも、該当する色がなかった。あらゆる種類の赤色をとっくに使っていたからだ。そこでオーストラリアの天気予報官が目をつけたのは、紫だった。結果はご覧のとおり。灼熱の厳しさがひしひしと伝わってくる。

スタジアム・チケット

MALL OF AMERICA FIELD

PRICE LEVELS	2013 SEASON TICKETS (PER GAME)	2013 SEASON TICKETS (9 GAMES)	2013 SINGLE GAME TICKETS
	133	1,197	150
	127	1,143	150
	123	1,107	135
	112	1,008	135
	105	945	120
	99	891	120
	82	738	99
	75	675	83
	68	612	78
	54	486	64
	44	396	54
	31	279	41

ベン図／オイラー図

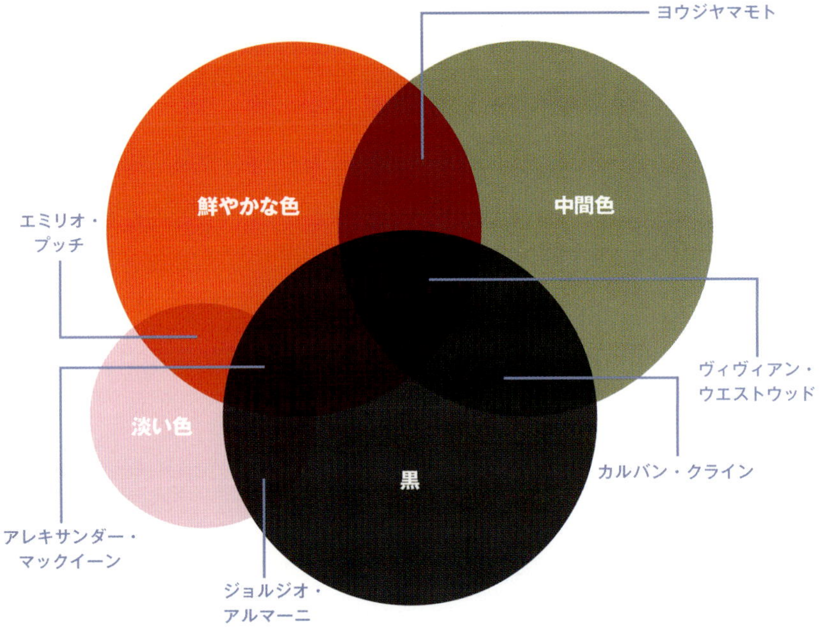

路線図

タイピング

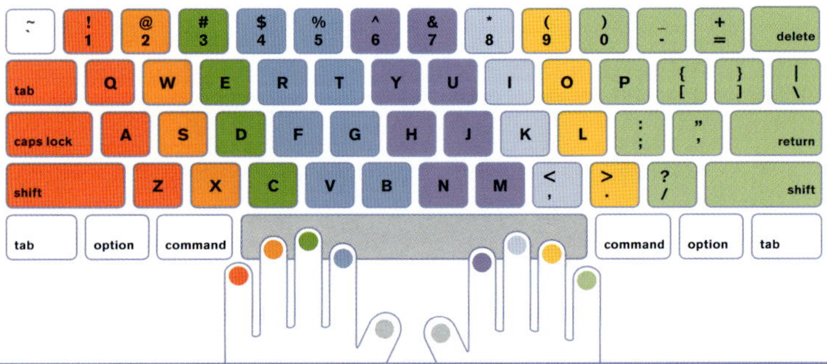

スポーツ観戦で、安い座席のチケットを買いたい？　ロンドンの地下鉄で、どの路線に乗ったらいいかわからない？　タイピングを早く覚えたいのだけど……。そんなとき、色がガイドを務めてくれる。ここに示したように、色は明示や解説、案内を目的として、さまざまな分野で活用されている。

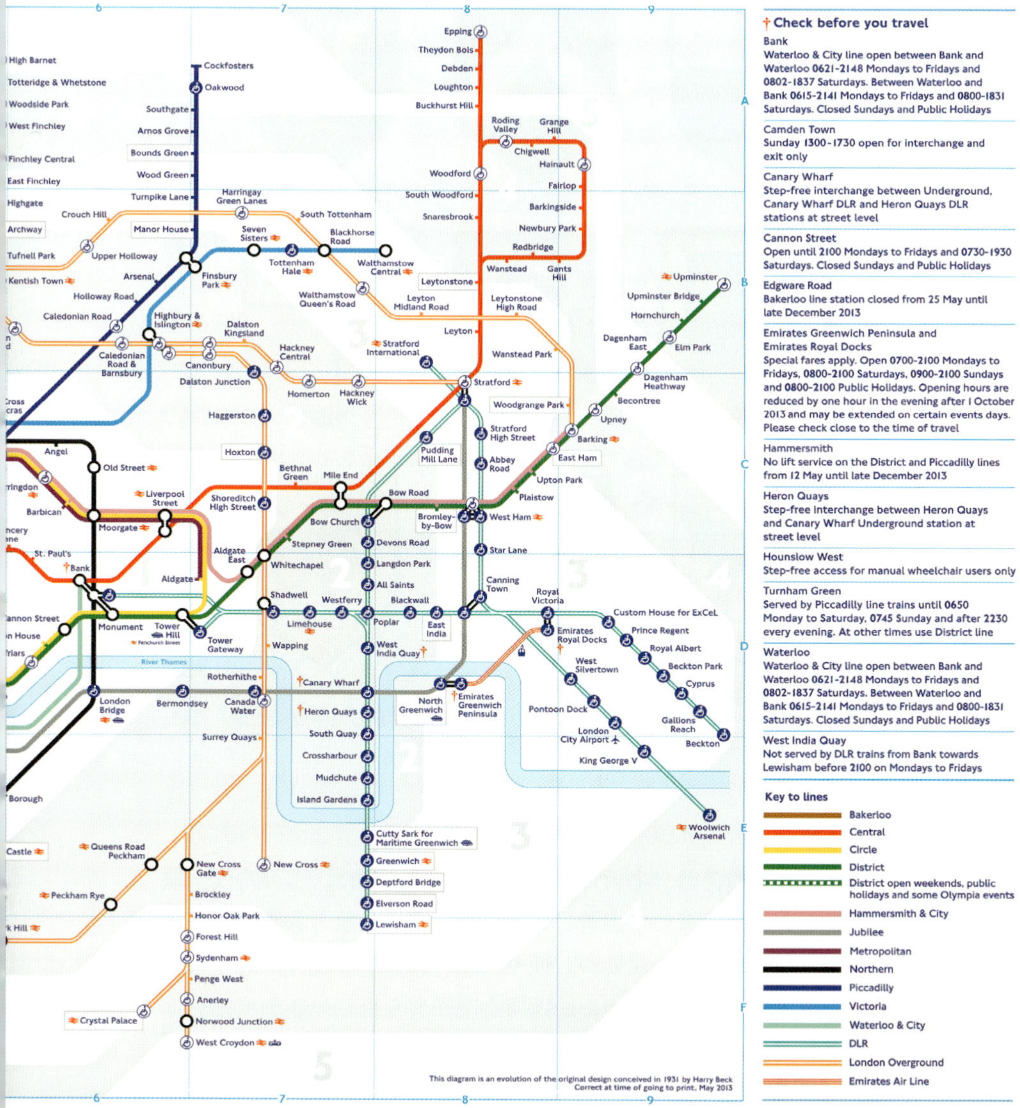

安全色彩（アメリカ合衆国）

緊急
保護機器、防火、危険、停止には赤を使う

警告
機械および電気機器の危険部位にはオレンジを使う

注意
注意喚起、物理的危害の危険があるものには黄色を使う

安全設備
安全、救急設備には緑色を使う

安全情報
案内標識や掲示板の安全保護情報には青を使う

通行／施設内
通路や行き止り、階段などを示すときは黒と白を使う

放射線
放射線障害を示すときは紫を使う

回路図

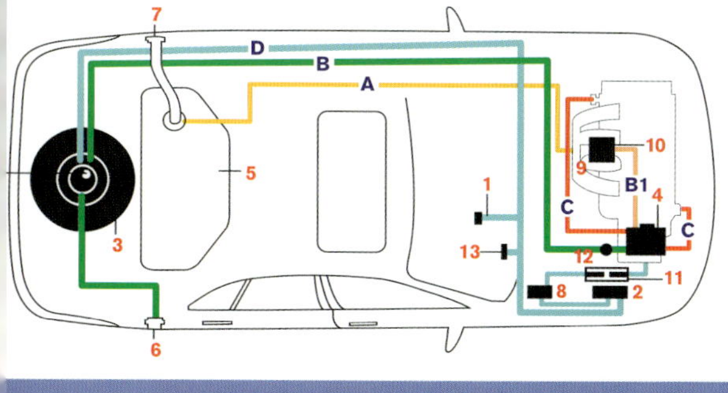

A Petrol Circuit
B LPG High Pressure Circuit
B1 LPG Low Pressure Vapour
C Vapouriser Heating Circuit
D LPG Electric Circuit

1 LPG/ Petrol Switch
2 LPG ECU
3 LPG Tank
4 LPG Vapouriser
5 Petrol Tank
6 LPG Filler Valve
7 Petrol Filler
8 LPG Control Relay
9 Petrol Injectors
10 LPG Distributor
11 Petrol ECU
12 LPG Inlet Solenoid
13 LPG Fuel Gauge
14 LPG Outlet Solenoid

好きなパイ

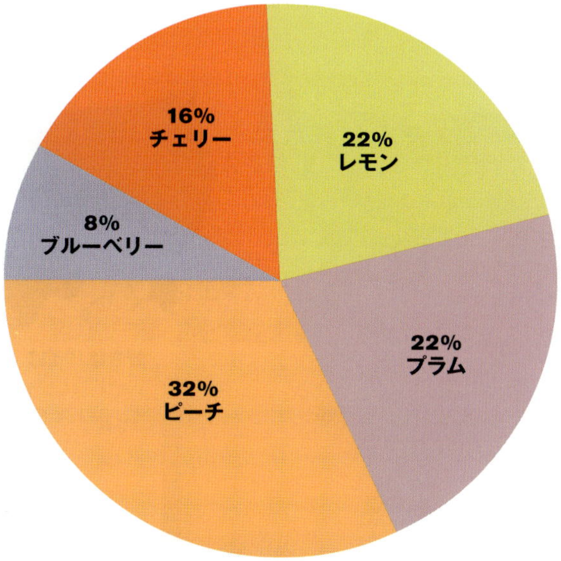

カーニバル、バンドのパレード、ポートオブスペイン(トリニダード・トバゴ)

精霊降臨祭、オリャンタイタンボ(ペルー)

唐の時代からつづく柳舞踊、陝西(中国)

ヘイララ祭、トンガタプ島(トンガ)

王宮守門将交代式、徳寿宮、ソウル(韓国)

祭りやパレードでは、その社会がとりわけ尊び、
愛する色が満開になる。

四旬節、アンティグア(グアテマラ)

宮廷騎手パレード、カドゥナ(ナイジェリア)

ゴロカ・ハイランドショーで全身に泥を塗った男たち、パプアニューギニア

フェリア・デ・アブリル、セビーリャ（スペイン）

衛兵交代式、ガムラスタン（スウェーデン）

ホーリー祭、マトゥラー（インド）

アリラン祭、平壌(北朝鮮)

色はもっと一般的な情報も提供し、ハーシーの茶色の包装紙はチョコレートの、農業機械のジョン・ディアの緑のロゴは牧草の色だ。

一方、美的な問題に関しては、色彩で潜在顧客の目をひき、そのブランドにふさわしいイメージを植えつける。たとえばティファニーと聞けば、エレガントな青緑色を思い出すだろう。色彩はこのように、いくつもの役割を同時にこなすことがままある。

携帯電話会社や大手スーパーマーケット、新設のスポーツ・チームはどのようにして色を選ぶのだろう？　女性服のメーカーは、秋の新作の色をどうやって決めているのか？　どんな色でもたいした違いはないのでは？　歴史をふりかえれば、少数の権力者が色に関する決定をし、大衆はヒツジさながら素直にその後ろについていくようだ。だからこそ、企業は色の選択に神経質になる。色を間違った商品、すなわち赤字商品だ。プラダの新シリーズからＭ＆Ｍのバッグまで、あらゆるものが独自の絵の具パレットをもっている。ファッションの最前線は休むことなく自分だけのパレットをつくり、その絵の具はまたたく間にブティックや百貨店などの小売店に染みてゆく。そして一方で、多くの産業が色彩の予報官に依存している。何か月も知恵を絞り、実シーズンにさきがけて流行色を予測する人たちだ。美しいピンクの花がチョウを呼びよせるように、消費者が群がる色は何色か？　これは大自然がつくりあげた案内図を思わせる。食糧を見つけ、繁殖相手を得て、生き残るのに手を貸すカラー・マップだ。現代社会に置き換えていえば、おいしいソフトドリンクを見つけ、服の趣味が似た伴侶を得て、売れ残り商品を押しつけるセールスマンから逃げて生き延びる……。色は情報を伝えつづけ、わたしたちは色からヒントをもらいつづける。

時代のパレット

歴史のレンズごしに色のパレットを見ると、その文化を知る手がかりが得られるだろう。パレットはその地の自然とそこで暮らした人びと、彼らの価値観をわたしたちに語りかけてくれる。

古代都市ポンペイ（イタリア）

このパレットは、カーサ・デレ・スオナトリーチ（マルクス・ルクレティウスの家）の壁画の一部に基づいたもの。西暦69 ～ 79年。

スウェーデン

自然で素朴なパレットに、スウェーデンのルーツを感じる。色と色のバランス、清涼さは、北欧の人びとの現実に向き合う冷静さと優雅さをよく表わしている。

メキシコ

先住の民の芸術はスペイン人によって破壊されてしまったものの、色彩は生き残った。豊かで複雑な色調は、現代まで受け継がれている。

イギリスのヴィクトリア朝

ヴィクトリア女王はユーモアと極彩色には関心がなく、女王および当時のイギリスは地味な色を好んだ。といっても、モーブ（藤色）はヴィクトリア女王の時代に生まれ、イギリスのパレットで大きな存在となった。

インド

ムガル帝国のアクバルの時代、クリシュナ神の物語をまとめた文献中の「ゴーヴァルダナ山をもちあげるクリシュナ」に基づいたもの。絹のサリーやホーリー祭の色粉など、インド文化の宝石のような色あいに通じるものがある。

アメリカの刺繍

18世紀と19世紀、サンプラー（刺繍の基礎縫い）の色はたいてい子どもたちが選んだ。楽しくて実用的な色の並びは、当時のアメリカ人全体を象徴しているように思う。

ジュースのキャップからヨーグルトのラベルまで、
色を見ればそこに入っているものの見当がつく。
たとえ、書かれた文字が読めなくても……。

バイオレット
VIOLET

非凡で、繊細で、気高く、かぐわしく、におやかで、魅惑的、そしてジュ・ヌ・セ・クワ（言葉ではいいあらわせない）——。そんな色があるとすれば何色だろう？　いささか過剰な表現になったが、おそらく頭に浮かぶのは紫だ。紫は高貴な色で、何百年ものあいだ、王族と堅く結びついていた。しかしそれも当然で、布を自然の力で紫色に染めるのは容易なことではなかった。歴史的に、紫の染料をつくるには手間と時間がかかり、何もかもが高くついた。手に入れられるのは富裕層に限られ、国王のローブと聖職者のストールを染める紫は、庶民にとってはまさに高嶺の花だったのだ。紫の衣をまとう者は、堂々として華麗で、威厳に満ち満ちていた。内気なスミレ色は宮廷で、ひっそりと咲くだけだ。

フェニキア人は自分たちが発明したものの価値を承知し、何世紀ものあいだ、製法を秘密にしつづけた。そして紀元後60年、大プリニウスの『博物誌』にようやく製法が記される。秘密はおおやけになり、かたやローマ帝国は不機嫌になった。皇帝ネロは、自分以外の者はこの色を使うべからず、と禁止令を出す。もし命令にそむいたら？　死をもって償わされた。

紫の支配

ネロの死後、禁止令はゆるくなったものの、紫色を着てよい者は引きつづき制限され、それも階級ごとに違った。戦いに勝った将軍は紫とゴールドを許され、元老院議員は紫の太いストライプがついたチュニックを着る。騎士や功績のある者は、ストライプが細い。紫色を着た権力者としては、エジプトのファラオ、ヨーロッパの王族、そしてアレクサンドロス大王などがあげられる。

1453年に、不幸な出来事が起きた。コンスタンチノープルがトルコ人の手におち、貝紫の製法が失われたのだ。再発見されたのは200年後で、王族はふたたび紫の衣装に身をつつむようになった。

紫色の散文

王族と紫色のつながりがあまりに強固だったことから、“紫”といえば貴族や贅沢を、ときには度を越したもの、過剰なものを指すようになった。たとえば英語で“紫色の散文”は、表現が凝りすぎの華美な文章をいう。紀元前18年、ローマの詩人ホラティウスがこれについて語り、その用法が現代までつづいているのだ。要するに、むだに飾りたてた文章、素朴であるべきところを意味なく装飾した文章を指す。もちろん、ホラティウスは『詩論』で、このような露骨な言い方はしていないが――。

冒頭はすばらしく、期待をもたせてくれるのですが
ところどころに紫色の当て布が見られます
たとえば聖なる森、ディアナの祭壇
野原を蛇行しながら流れる小川
そしてライン川、あるいは虹を描くときなどです
けれどこれはふさわしくありません
たとえあなたが糸杉をありのままに描けるとしても
生還した船乗りから難破の絵を頼まれたとき
そこに糸杉を描き加えるでしょうか

ポリオ・ウイルスに侵された細胞を染めるゲンチアナ・バイオレット

こんにち、ロマンス小説やタブロイド紙には紫色の散文がよく見られる。しかし、形容詞としての“紫”がもつ意味合いは、最近で

はずいぶん狭められてしまったようだ。大衆も紫色を使えるようになり、上流階級や贅沢さとのつながりを示す語としては、もはや時代遅れで不要になったのだろう。

ゲンチアナの紫を一滴

現代では、ゲンチアナ・バイオレットは主に染料として、細胞染色や指紋の検出、pH指示薬に用いられ、褥瘡などの治療に使われることもある。生薬のゲンチアナは同名のリンドウ科の多年草からつくられるが、黄色い花を咲かせる草の根が紫色になるのは非常に不思議だ。が、その点はさておいて、ヨーロッパでは古くから、胃腸病や怪我を治す薬として使われ、また染料としても普及した。

パーキンがつくったモーブ

藤色の錬金術

1856年、化学者ウィリアム・パーキンは実験で失敗し、それが世界を永遠に変えた。早くも十代で王立化学会に入ったパーキンは、キニーネの合成を担当する。天然のキニーネを入れたトニックウォーターはとても苦いが、当時はマラリアの治療に使われていた。そしてパーキンの実験は、思うようにはかどらなかった。どうやっても、紫や桃色みを帯びた茶色いものしかできないのだ。

パーキンは考え直した。今度は有機化合物のアニリンを使ってみようか——。結果的にアニリンは酸化して真っ黒になったものの、溶解すると紫色を呈した。パーキンは興味をそそられ、その溶液に布きれを浸してみた。するとうれしいことに、色は布に移り、その後も消えずに残るではないか。

当時は費用のかかる天然染料しかなかったから、パーキンは自分が大発見をしたことを確信する。そしてこの合成染料を、安くかつ大量に製造しようと決心。ほどなくしてヨーロッパじゅうの化学者が、新しい染料をつくるときはアニリンをベースにするようになった。そうやって生まれた染料のひとつが、あの美しいマゼンタだ。数十年後には、約2000種もの合成染料が出回り、何百年も使われてきた高価で製造のむずかしい天然染料にとってかわった。

パーキンのモーブで染めたドレス

合成染料第一号の大量生産品“モーブ（藤色）”は大流行した。あの気難しいヴィクトリア女王でさえ、娘の結婚式にモーブの衣装をまとったくらいだ。風刺漫画雑誌「パンチ」は、ロンドンには“藤色のはしか”が蔓延していると評した。もはや宮廷と上流階級に独占されることなく、庶民もこの色を満喫した。

世界初の合成染料をつくっただけでも、若きパーキンには十分な成果だが、彼はその後、第二のヒット商品を生み出した。鮮やかな赤色に染まるアリザリンだ。わずか１日遅れで特許は逃したものの、アリザリンはモーブ以上に彼を富豪にした。また合成香料も開発し、それが現代の香料産業へつながってゆく。しかし、彼の最大の業績は、このような個別の開発よりも、現代化学の基礎を築いたことだろう。それはある意味、近代的錬金術といえた。パーキンのモーブと経済的な成功は、化学も利益を生むことを証明し、彼のあとにつづく科学者たちは、現代医療に革命をもたらす多数の薬品や療法を考案した。ノボケイン、インシュリン、化学療法は、そのほんの一例にすぎない。ただ残念ながら、重要な科学的発見によくあるように、その後の応用は無条件に歓迎できるものばかりではなかった。爆薬、化学兵器、危険な農薬などは、モーブを起源として生まれたものだ。第二次世界大戦が始まったとき、ナチスは新しい発明を思う存分利用した。当時のドイツは化学工業の先進国で、その技術を美しいドレスの色やかぐわしい香水の進歩向上に向けることなく、人間がつくった合成品で人間の命を絶つことに応用した。

パーキンは自分の種がどのように撒かれ、ナチスの手でどのように栽培されたかを見ることなくこの世を去った。彼に予測できたのは、美しい藤色の染料が後世の人びとの目を喜ばせ、その健康と、さらには富に貢献することだけだったと思いたい。

紫外線のよいところ

紫外線はバイオレット色には見えない。その波長はスペクトルのバイオレットからX線のあいだにあり、鳥類や昆虫の多くは見ることができるものの、人間の目ではとらえられない。しかしそれでも紫外線は、人間の暮らしで重要な役割を果たしている。

紫外線は、わたしたちが浴びる日光のなかにある。わたしたちはそれを、ときにDNAが損傷するほど吸収する。皮膚の色が明るい人はとくにそうで、皮膚癌を引き起こしかねない紫外線にとても敏感だ。進化の過程で、アフリカなど日光の豊富な国で暮らす人びとにはメラニン色素が多く、これが紫外線を無害な熱に変換してくれる。また、皮膚の色に関係なく、紫外線にさらされると日焼けするのは、防衛反応として一時的にメラニンが増量されるからだ。

しかし、これは紫外線の一面でしかない。紫外線にも健康効果は

タイの海岸に行けば、UV（紫外線）ボディペインティングの露店を目にするだろう。ドラゴン、蝶々、セブンイレブンのロゴ……。多種多様な図柄が月明かりのもとで極彩色に輝く

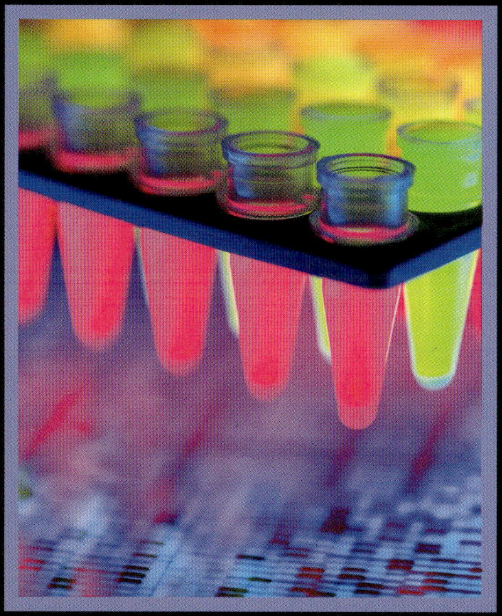

紫外線光はパーティをもりあげるだけでなく、遺伝子研究にも用いられる。紫外線を当てると蛍光を発する色素は、DNA検出に役立つ

あって、ビタミンDの生成を促進してくれる。ビタミンDは骨の維持や免疫力を助け、長寿にも関係があるといわれる栄養素だ。

紫外線はほかの面でも役立ち、代表例はブラックライトだろう。そういえば……と、1970年代にブラックライト・ポスターが流行したのを思い出す人もいるにちがいない。白熱電球や蛍光灯の下ではふつうのポスターなのに、ブラックライトを当てると、まるで生き返ったように美しく輝くポスターだ。あるいはクラブやコンサートに行って、手に“見えないスタンプ”を押されたことはないだろうか。警備員がブラックライトをつけると、見えなかったスタンプがとつぜん見えるようになる。また、夜にかぎらず昼間も、ブラックライトは有効活用されている。光の特性を利用して、白癬や疥癬の診断、脱毛症の治療など、皮膚系の医療分野で広く使われる。

犯罪捜査の世界では、ブラックライトはスター的存在だ。鑑定士は美術・骨董品の年代をブラックライトで調べ、場合によっては贋作であることが判明する。100ドル紙幣にブラックライトを当てると偽札かどうかがわかるし、犯罪現場では血液の検出に使われる。そして家庭では、尿の場所をブラックライトでつきとめられる。なんとなく、猫のおしっこの臭いがするのだけど、場所がわからない……。そんなときは、ブラックライトを買いに行こう。

アメシストの摩天楼

鉱物の石英にはさまざまな色があるが、なかでもアメシスト（紫水晶）がいちばん美しいといわれる。六角柱の色彩豊かな結晶は、光をガラスのように反射するので、宝石学ではヴィトレアス（ガラスのような）と表現される。構造は大都会の光景さながらで、あちこちで摩天楼がそびえ、その下に低いビルが立ち並ぶ。

アメシストの色は、含まれる不純物——鉄イオンの量と配列で決まる。また、紫の度合いも異なり、緑みを帯びたものはシトリン（黄水晶）と呼ばれる。そして不思議なことに、熱していくと鉄イオンの配列が変わり、色が変化する。この熱処理技術は、薄い紫のアメシストを濃い紫にして価値を高めるのに使われる。

アメシストの語源はギリシア語のアメテュストスで、意味は「酔わない」だ。ギリシア神話の酒の神ディオニュソスは、神たる自分を侮辱した恥知らずの人間に激怒し、つぎに出会った人間に復讐すると宣言した。そこへやってきたのが、女神アルテミスにささげものをしに行く清純な娘アメテュストだ。ディオニュソスはすぐさま虎をけしかけ、娘を襲わせる。しかし、それを知ったアルテミスは娘を救おうと、紫色の石英の像に変身させた。ディオニュソスはそのあまりの美しさに酒の涙を流し、自分の行ないを悔いたという。以来、何世紀にもわたり、ギリシア人は自然がつくったもっともすばらしい創造物としてアメテュストを称えた。

神話に出てくる石は、ギリシアだけでなく、ほかの文化や地域でも同じように称えられた。古代イスラエルの大司祭はアメシストを身につけ、アングロ・サクソン人はアメシストのビーズを副葬品にし、エカチェリーナ２世はあらゆる宝石のなかでアメシストをもっとも愛した。そしてギリシア人はといえば、アメシストの杯でワインを飲めば酔わないと信じていた。また中世ヨーロッパでは、アメシストは戦場で兵士の身を守り、気持ちをおちつかせて理性的にするといわれた。ニューエイジの思想家たちは、アメシストは心を開かせ、意識変換させるという。

残念ながら、ダイヤモンドやルビー、エメラルドに匹敵したアメシストの栄光も、いまは昔だ。19世紀に入り、南アフリカに大量にあることがわかって、現在では半貴石とされる。

かつてはダイヤモンドに匹敵する価値があったアメシストは、大量かつ容易に採掘できることがわかり、いまでは半貴石とされる。とはいえ、その美しい輝きに変わりはない。

四旬節はなぜ紫か

そして、イエスに紫の服を着せ、
いばらの冠を編んでかぶせる。

——マルコによる福音書　15:17

カトリック教会では、四旬節のあいだ、祭壇に紫の布を掛ける。紫色は聖書では、裕福さや贅沢と結びついているのに、断食と節制を奨励する四旬節の色が紫というのはどういうことだろう？

紫は哀悼と心の痛みにつながるからだ——など、研究者はこの難問にさまざまな説明を与えてきた。そしてここに、紫と王族のつながりをふまえた、面白い解釈がひとつある。聖書では、イエスが磔にされるまえに、ピラトと彼の配下がイエスに紫の外套をかける。そうすることでイエスをあざ笑い、ダビデの玉座からいかに遠いところにいるかを見せ、救い主でないことを示したのだ。しかし、宗派や少数民族、ときに国家も、過酷な歴史的出来事の暗いシンボルを再生し、自分たちのものとして利用してきたではないか、よってキリスト教会もその伝統にならい紫を受け入れた——というものだ。

四旬節の初日「灰の水曜日」のローマ教皇ヨハネ・パウロ２世

現在のパープルハート章

紫色の心

パープルハート章（紫心章、名誉戦傷章）は1782年、ジョージ・ワシントンが階級にこだわらず、アメリカ陸軍の下士官と下士官兵にも与えた初の勲章だ。このときまで、勲章は階級の高い者を対象としていたが、ワシントンは「武勲をたてた者」であればよいとした。そして勲章のデザインを「ハート形の紫の布または絹、レースの縁どりまたは縁飾り」とする。要するに、最初のパープルハート章は、すてきなワッペンといったところだ。

1932年には新しい授与基準が導入されて、敵軍との戦いで負傷した者に与えられた。その後、海軍、海兵隊なども含まれ、最終的にはケネディ大統領によって、軍種などは問わず、広く「アメリカ合衆国の国民」となる。

現在のパープルハート章は青銅製で、中央に紫色を背景にしたジョージ・ワシントンの像があり、紫のリボンがついている。なぜ、色は紫なのか？　それを記した古い文献はないが、やはり紫のイメージに基づくと考えるのが自然だろう。名誉ある勇敢な行動をとった者には、気高く威厳に満ちた紫こそふさわしい。

ジョージ・ワシントンによって創設
された当時のパープルハート章

あとがき AFTERWORD

色彩の未来

本書では、芸術と芸術家たち、その色彩との関係を時代の流れとともに見てきました。とりわけ色彩と深いかかわりをもつのは、やはり芸術家でしょう。彼らは実際に色を使うだけでなく、歴史を通じて、みずから色をつくってもきました。第１章で語ったように、芸術家は化学者でもあり、新しい顔料を発明しては、世界をその作品に映し、再現したのです。芸術が産声をあげたとき、パレットにはおそらく炭色や赤錆色、黄土色くらいしかなかったでしょう。その後、古代ギリシアやエジプト、中国、インドでパレットの色は数を増し、ルネサンス期になると色彩は開花して、成熟します。そうして19世紀、色の種類は爆発的に増え、芸術家たちは色を不可欠のツールとして、世界をひたむきに描きつづけました。

わたしたちが本書を執筆することになったのは、アートやデザインの仕事で色を使っていたからです。そう考えると、芸術だけを語る部分が（１冊まるまるどころか）１章もないことが不思議に思えるかもしれません。わたしたちも本書を執筆しながら、たいていの人は色を語るとき、真っ先に芸術に目を向けることを実感しました。芸術をテーマとした書籍は多く、美術館に足を運べばたくさんのことを学べます。しかし、色彩の科学、歴史、文化、そして美しさは、まだ解明されたとはいえません。現在活躍しているアーティストのなかで、色の働き方やその理由を理解している人は数少ないのではないでしょうか。色彩科学はあくまで科学の分野であり、芸術の専門家と科学の専門家の交流は乏しいものです。

ネオリアリズムの画家イヴ・クラインは、一色しか使わない作品で世間を驚かせた。カンバス一面に塗られた青色は、クラインみずから開発した顔料

わたしたちは本書を執筆することで、アートをひとつの“地図”として見るようになりました。大自然がわたしたちに示してくれる地図や、人間が製作する地図と大差ないものです。先史時代のラスコー洞窟の壁画には、動物とともに星図も描かれています。アートと地図が同じ空間を分けあい、同じメッセージの要素となっているのです。エジプトのヒエログリフでは、アートと情報が強い絆で結ばれ、中国の書道では文字の情報がアートになりました。

つまるところ、芸術の創造と地図製作は互いに分岐しあったものなのです。と同時に、世界を理解したい、それを地図に描きたいという欲求こそが芸術の根源であるともいえます。そして色彩は、その欲求を表現する重要な道具でありつづけています。

現在、アートと科学はふたたび融合する時代を迎えたといってよいでしょう。わたしたちは、このふたつに橋をかける一助になれば、と思い本書を執筆しました。アーティストが科学者を、科学者がアーティストを理解し、称えることを願ってやみません。そしてまた、本書が読者の方々に伝えたものが芸術への愛、自然への愛――など何であれ、みなさんの色彩の地平線が少しでも広がることを願っています。わたしたちは色にまつわる無数の事柄から一部を厳選して光を当て、電磁放射のごく狭い帯がいかに多くの情報を伝えるか、人間は仲間の動物や植物、地球、宇宙といかにたくさんのものを分かち合っているかを語ってきました。途方もなく豊かな平面、びっくりするほど限られた人間の視覚が、この世界を色づけていることを、読者のみなさんに知っていただけたらと思います。最後に、ポール・セザンヌの名言を――「色彩は、わたしたちの脳と宇宙が出会う場所である」。

PHOTOGRAPHY AND ART CREDITS

Photographs courtesy of Getty Images, including the following, which have further attributions.

Page 10: Science Photo Library. **12:** Apic. **13:** SSPL. **15** (top): UIG. **20:** SSPL. **28:** Buyenlarge. **30 and 32:** Bridgeman Art Library. **37** (top, left): Dorling Kindersley; (center): Oxford Scientific; (bottom, right): hemis.fr. **38** (bottom): UIG. **39:** Bridgeman Art Library. **42** (left): Bridgeman Art Library; (right): AFP. **43** (top, left): Gallo Images; (top right): De Agostini. **44:** Iconica, **45:** Buyenlarge. **46** (left): Lonely Planet Images; (center): Photolibrary; (right): Workbook Stock. **47:** De Agostini. **48:** Flickr. **50:** Stocktrek Images. **53:** NASA. **54:** Science Faction. **55-58:** Oxford Scientific. **59:** Flickr. **60** (top, right): Stone; (top, left): Riser; (center, right): Flickr Open; (center, left): E+; (bottom, right): Dennis McColeman; (bottom, left): Lonely Planet Images. **61** (top, left): E+; (top, right): Flickr; (center left): Lonely Planet Images; (center, right): Alvis Upitis; (bottom, left): Flickr; (bottom, right): Vincenzo Lombardo. **63:** Photodisc. **64:** Flickr Open. **66** (top,left): Comstock Images; (top, center): MIXA Co.Ltd.; (top, right): Gyro Photography; (bottom, left): Flickr; (bottom, center): Maskot; (bottom, right): Flickr. **68:** Radius Images. **73:** UIG. **74:** Dorling Kindersley. **76** (left): Alinari; (right): Foodpix. **77:** UIG. **78:** Christopher Furlong. **79:** Image Bank. **80:** Flickr. **82** (left): Foodcollection; (right): Bryan Mullennix. **83:** Glowimages. **84:** Taxi. **86** (right, center): Tobias Titz; (left): UIG; (left, center): Photodisc; (center): Flickr; (right): Lonely Planet Images. **87:** Flickr Open. **88:** Flickr; (inset): Tetra Images. **89** (left): Flickr Open; (right): Flickr, **90:** National Geographic. **94** (right): Photolibrary; (left, center): DAJ; (right, center): Datacraft Co.Ltd; (left): Photodisc. **95** (right): Koichi Eda; (right, center): Photodisc; (left, center): Datacraft Co.Ltd; (left) Datacraft Co.Ltd. **96** (top, left): Flickr; (top, left, center): Flickr; (top, right, center): Datacraft Co.Ltd; (top, right): Photodisc; (bottom, left): Bambu Productions; (bottom, left, center): Digital Vision; (bottom, right, center): National Geographic; (bottom, right): Stockbyte. **97:** Flickr. **98** (garnet): Dorling Kindersley; (iron and copper): De Agostini. **99** (manganese): De Agostini; (jade): Photononstop; (ruby): Dorling Kindersley. **100:** UIG, **101** (right): Flickr Open. **104** (right): Frank Cezus; (left): Science Photo Library; (center, bottom): Flickr; (center left and right): Dorling Kindersley. **105** (bottom, left): Flickr; (top right and left): Dorling Kindersley; (bottom, right): E+. **109:** UIG. **110** (top): Stockbyte; (bottom): Galerie Bilderwelt. **111:** Image Bank. **112:** Flickr Open. **117:** Vetta. **118-119:** AFP. **120:** Stock4B. **122** (left): Flickr; (center and right): National Geographic. **124** (top): Visuals Unlimited; (center, left): National Geographic; (center, right): Visuals Unlimited; (bottom): Oxford Scientific. **125:** Flickr. **126** (apricot and tomato): Rosemary Calvert; (chilis and sweet potato): E+. **127** (onion and oranges): Rosemary Calvert; (blueberries): Stuart Minzey; (grapes): Bernard Jaubert; (top , right): Gyro Photography; (top, center): Photodisc; (top, left): Datacraft Co.Ltd. **129** (left, bottom): E+; (right): Datacraft Co.Ltd. **130:** ImageBank. **132** (top, left and right; bottom, left): Photodisc. **133** (top): Imagemore; (bottom): Oxford Scientific, **134** (bottom)-**135:** Minden Pictures. **136:** Flickr. **137** (clockwise from top): Photodisc; Dorling Kindersley; Lifesize; E+; E+; Photographer's Choice; E+; Stockbyte; Flickr; Flickr; Flickr. **138** (center): Flickr. **142:** Gallo Images. **143** (left): Science Photo Library; (right); Stockbyte, **147** (center): UIG; (bottom): Lonely Planet Images. **148** (right): Fotosearch. **149** (left): ImageBank; (right): Bridgeman Art Library; (left, bottom): Peter Arnold. **152:** Flickr. **153** (top): Bridgeman Art Library. **154:** Bridgeman Art Library. **155** (left and right): SSPL. **156:** Dorling Kindersley. **159:** Stockbyte. **160** (left to right): Stockbyte; Stockbyte; Seide Preis; Flickr Open; Photodisc; Photolibrary; National Geographic; Digital Vision; E+; Flickr; Gallo Images; Flickr; Flickr Open; (bottom): Flickr. **161:** Flickr. **162** (left to right): E+; Flickr; Dorling Kindersley; Photodisc; Photodisc; Digital Vision; Photodisc; E+. **164:** Imagebroker. **165** (left): Photodisc; (inset): E+. **167:** Gary Vestal. **169:** Digital Vision. **170:** Comstock Images. **171** (top, left): E+; (right): Stockbyte. **172** (top, left): Flickr; (top, right): Digital Vision; (bottom, left): Photodisc; (bottom, right): Minden Pictures. **173** (top, left): Visuals Unlimited; (right): Minden Pictures. **174** (top): Stone; (bottom, left): Dorling Kindersley; (bottom, right): E+; (right): Dorling Kindersley. **175** (top): Flickr; (top, left): Oxford Scientific; (top, center and right): Flickr; (bottom, center); UIG; (bottom, left): Comstock Images; (bottom, right): Stocktrek Images. **176** (bottom, right): Imagemore. **177** (left): Gallo Images; (top, left): Design Pics; (top, center): Digital Vision; (top, right): National Geographic; (center, left): Dorling Kindersely; (center, center): Flickr; (center, right): Design Pics; (bottom, left and center): Design Pics; (bottom, right): Dorling Kindersley. **178** (left): Flickr; (right, center): E+; (right): AFP. **179** (top, right): National Geographic; (right, bottom): Flickr; (left top and center): Flickr. **180** (right): Flickr. **184:** (left): Panoramic Images; (center): Photodisc; (right): Dorling Kindersley. **185:** Dorling Kindersley. **186** (left): De Agostini; (right): UIG; (bottom): Dorling Kindersely. **192** (center): E+; (right): UIG. **195:** Photodisc. **196:** Science Photo Library. **198:** AFP. **206:** Axiom. **207:** UpperCut Images. **208** (left): Photolibrary; (center): Photodisc; (right): Vetta. **210:** AFP. **215** (left): Buyenlarge. **216** (top left and right): Image Bank; (center, left): China Span; (center, right and left): Loney Planet Images; (bottom, right) Photodisc. **217** (top, left): hemis.fr; (top, right): Stockbyte; (center, left): LOOK; (center, right): Dorling Kindersely; (bottom left and right): Lonely Planet Images. **224:** SSPL. **225:** Lonely Planet Images. **227:** Don Farrall. **228:** De Agostini. **229:** Franco Origlia. **230:** Time & Life Pictures.

ADDITIONAL PHOTOGRAPHY AND ART CREDITS

Page 14: (bottom) Color Sphere in 7 Light Values and 12 Tones, Johannes, Itten. Digital Image © The Museum of Modern Art/Licensed by SCALA/Art Resource, NY; (center) Proofs for the artist's illustrated "Color Sphere," Philippe Otto Runge. bpk, Berlin/Art Resource, NY. **Page 19:** Copyright © Sam Schmidt. **Page 24:** (left and right) Arielle Eckstut. **Page 31:** Electric Prisms, 1914 by Sonia Delaunay-Terk. SCALA/Art Resource/NY. **Page 32:** (left, center) Study for Homage to the Square: Beaming, 1963, Josef Albers. Tate, London/Art Resource, NY; (right, center) Hommage to the Square: Mild Scent, 1965, Josef Albers. bpk, Berlin/Art Resource, NY. **Page 33:** (top) Study for Homage to the Square, 1969, Josef Albers. Albers Foundation/Art Resource, NY; (bottom) Untitled, 1969 by Mark Rothko. Art Resource, NY. **Page 38:** (top left and right) Juan Cazorla Godoy. **Page 41:** Copyright © Peggy Vigil Herrera. **Page 43:** (bottom) Tara Bradford. **Page 44:** (center) Stefan/Volk/Laif/Redux. **Page 51:** SPL/Photo Researchers. **Page 74:** (right) Kimberly Hughes. **Page 93:** (bottom, left and right) Stan Celestain. **Page 99:** (chromium) Mohd Alshaer; (emerald and amethyst) Stan Celestain; (tourmaline) Jacana/Photo Researchers. **Page 102:** Munsell Soil-Color Charts, Produced by Musell Color. **Page 115:** Historic Koh-I-Noor pencil and relics. Courtesy of Chartpak, Inc.; Hi-Liter. Property of Avery Dennison Corporation. **Page 116:** "A Few Things the Versatile Yellow Kid Might Do for a Living." Billy Ireland Cartoon Library & Museum, The Ohio State University. **Page 123:** Fruits of Pollia condensata conserved in the Herbarium collection at Royal Botanic Gardens, Kew, United Kingdom. Material collected in Ethiopia in 1974 and preserved in alcohol-based fixative. (Image from Paula Rudall.) **Page 124:** (right) Alamy. **Page 126:** (top, left) Nnehring/iStockPhoto. **Page 128:** Emily Mahon. **Page 129:** (top, left) Arielle Eckstut. **Page 132:** (bottom, right) Adam Carvalho. **Page 134:** (top) Owen McIver. **Page 138:** (top and bottom): Kevin Collins. **Page 140 and 141:** All photos courtesy of Taylor F. Lockwood. **Page 148:** (left) Matthew Coleman. **Page 150:** Procession of the Magi, Benozzo Gozzoli. SCALA/Art Resource, NY. **Page 153:** (bottom) Paris Green. Photograph by Theodore Gray, www.periodictable.com. **Page 165:** (right top and bottom) Robert Fosbury. **Page 166:** Robert Fosbury. **Page 167:** (top) Courtesy of The American Museum of Natural History; (left) Courtesy of Paul Sweet, The American Museum of Natural History. **Page 171:** (left, bottom) Jason Farmer. **Page 173:** (bottom, left) Steve Patten. **Page 176:** (left, center) Roger Hanlon; (coral snake) Paul Marcellini. **Page 180:** (left) Ted Kinsman/Photo Researchers. **Page 181:** Michael Bok. **Page 187:** Society of Dyers and Colourists–Colour Experience. **Page 188:** The Great Wave at Kanagawa by Katsushika Hokusai. © RMN-Grand Palais/Art Resource, NY. **Page 190:** (left) Hanoded photography/istockphoto; (center and inset) © 2008 Photography by Hangauer/Kissinger. **Page 192:** Mark Thiessen/National Geographic Stock. **Page 200:** (left) © Soames Summerhays/Science Source/VISUALPHOTOS.COM; (center) Pierre David. **Page 202:** World Skin Color Country Maps by Reineke Otten www.worldskincolors.com **Page 205:** The Empire of Light II by René Magritte. Digital Image © The Museum of Moder Art/Licensed by SCALA/Art Resource, NY. **Page 209:** God creating the waters, detail of folio of late 12th-century Souvigny Bible. Gianni Dagli Orti/The Art Archive at Art Resource, NY; Spectrum, IV. 1967 by Ellsworth Kelly. Digital image © The Museum of Moder Art/Licensed by SCALA/Art Resource, NY. **Page 212:** Copyright Transport for London, May 2013. **Page 213:** (top, right) Rust-Oleum Industrial Brands. **214:** (top) Minnesota Vikings Football, LLC and the Minnesota Sports Facilities Authority. Medieval Flags by Hilarie Cornwell. **Page 215:** Logo Rainbow by Dan Meth. **Page 223:** (left and right) Baruch Sterman. **Page 224:** Fabio Marongiu. **Page 231:** American Independence Museum, Exeter, NH. **Page 232:** IKB 79, 1959 by Yves Klein. Tate, London/Art Resource, NY.

参考文献とウエブサイト BIBLIOGRAPHY AND WEBSITE

Adams, Jad, *Hideous Absinthe: A History of the "Devil in a Bottle,"* Tauris Parke Paperbacks, London, New York, Melbourne, 2003.

Agosta, William, *Thieves, Deceivers, and Killers: Tales of Chemistry in Nature*, Princeton University Press, Princeton, NJ, 2009.

Bainbridge, James, and McAdam, Marika, *A Year of Festivals: A Guide to Having the Time of Your Life*, Lonely Planet Publications Pty Ltd, Melbourne, 2008.

Bakalar, Nicholas, "The Confusion of Pill Coloring," *The New York Times*, December 31, 2012.

Ball, Philip, *Bright Earth: Art and the Invention of Color*, Farrar, Straus and Giroux, New York, 2002.

Balfour-Paul, Jenny, *Indigo: Egyptian Mummies to Blue Jeans*, Firefly Books, Ontario, 2006.

Batchelor, David, *Chromophobia*, Reaktion Books Ltd., London, 2000.

Bhattacharjee, Yudhijit, "In the Animal Kingdom: A New Look at Female Beauty" *The New York Times*, June 25, 2002.

Bechtold, Thomas, and Mussak, Rita, *Handbook of Natural Colorants*, John Wiley & Sons, Inc., New York, 2009.

Berns, Roy S., *Billmeyer and Saltzman's Principles of Color Technology*, John Wiley & Sons, Inc., New York, 2000.

Birren, Faber, *Color: A Survey in Words and Pictures*, University Books, Inc., New Hyde Park, NY, 1963.

Blaszczyk, Regina Lee, *The Color Revolution*, MIT Press, Cambridge, MA, 2012.

Bloom, Jonathan, and Blair, Sheila (eds.), *And Diverse Are Their Hues: Color in Islamic Art and Culture*, Yale University Press, New Haven, CT, 2011.

Bok, Michael, *Arthropoda*, http://arthropoda.southernfriedscience.com

, Ronald Louis, *Rock and Gem: The Definitive Guide to Rocks, Minerals, Gems, and Fossils*, Dorling Kindersley, New York, 2005.

Bradshaw, John, *Dog Sense: How the Science of Dog Behavior Can Make You a Better Friend to Your Pet*, Basic Books, New York, 2011.

Brodo, Irwin M., Sharnoff, Sylvia Duran, and Sharnoff, Stephen, *Lichens of North America*, Yale University Press, New Haven, CT, 2001.

Burris-Meyer, Elizabeth, *Historical Color Guide*, William Helburn, Inc., 1938.

Cahan, David, *Hermann Von Helmholtz and the Foundations of Nineteenth-Century Science*, University of California Press, Berkeley, CA, 1993.

"Causes of Colors," Web Exhibits, http://www.webexhibits.org/causesofcolor

Centers for Disease Control and Prevention, Prussian Blue Fact Sheet, 2010.

Chaline, Eric, *Fifty Minerals and Gems That Changed the Course of History*, Firefly Books, Ontario, 2012.

Changizi, Mark, *The Vision Revolution: How the Latest Research Overturns Everything We Thought We Knew About Human Vision*, Benbella Books, Inc., Dallas, TX, 2009.

Chapman, Reginald Frederick, *Insects: Structure and Function*, Cambridge University Press, Cambridge, MA, 2012.

Chevreul, Michel E., *The Principles of Harmony and Contrast of Colors: And Their Applications to the Arts*, Kessinger Publishing, LLC, Whitefish, MT, 2010.

"Color," *All About Birds*, The Cornell Lab or Ornithology, http://www.birds.cornell.edu/AllAboutBirds/studying/feathers/color/document_view

Corfidi, Stephen S., "The Colors of Sunset and Twilight," NOAA/NWS Storm Prediction Center, Norman, OK, 1996.

Le Couteur, Penny M., and Burreson, Jay, *Napoleon's Buttons: 17 Molecules That Changed History*, Penguin, 2004.

Cromie, William J., "Oldest Known Flowering Plants Identified By Genes," *Harvard Gazette*, December 16, 1999.

Deutscher, Guy, *Through the Language Glass: Why the World Looks Different in Other Languages*, Metropolitan Books Henry Holt and Company, New York, 2010.

Echeverria, Steve Jr. "The Appeal of 'The Green Fairy,'" *Herald-Tribune*, September 18, 2008.

Fairchild, Mark, *The Color Curiosity Shop*, http://www.cis.rit.edu/fairchild/WhyIsColor

Farrant, Penelope A., *Color in Nature: A Visual and Scientific Exploration*, Blandford, London, 1997.

Finlay, Victoria, *Color: A Natural History of the Palette*, Random House Trade Paperbacks, New York, 2002.

Forbes, Jack D., *Africans and Native Americans: The Language of Race and the Evolution of Red-Black Peoples*, University of Illinois Press, Chicago, 1993.

Fox, Denis L., *Biochromy: Natural Coloration of Living Things*, University of California Press, Berkeley, CA, 1979.

Frazer, Jennifer, "Bombardier Beetles, Bee Purple, and the Sirens of the Night," *Scientific American*, August 2, 2011.

Gage, John, *Color and Culture: Practice and Meaning from Antiquity to Abstraction*, University of California Press, Berkeley, CA, 1999.

Gage, John, *Color and Meaning: Art, Science, and Symbolism*, University of California Press, Berkeley, CA, 1999.

Garfield, Simon, *Mauve: How One Man Invented a Color That Changed the World*, Norton, New York, 2002.

Lanier, Graham, F. (ed.). *The Rainbow Book*, The Fine Arts Museums of San Francisco in association with Shambhala, Berkeley, CA, 1975.

Gray, Theodore, *The Elements: A Visual Exploration of Every Known Atom in the Universe*, Black Dog & Leventhal, New York, 2009.

Greenfield, Amy, Butler, *A Perfect Red: Empire, Espionage, and the Quest for the Color of Desire*, Harper Perennial, New York, 2005.

Guineau, Bernard, and Delemare, Francois, *Colors: The Story of Dyes and Pigments*, Harry N. Abrams, New York, 2000.

Hall, Cally, *Gemstones: The Most Accessible Recognition Guides*, Dorling Kindersley, New York, 2000.

Harley, R. D., *Artists' Pigments C. 1600-1835: A Study in English Documentary Sources*, Butterworth Scientific, 1982.

Harré, Rom, *Pavlov's Dogs and Schrödinger's Cat: Scenes from the Living Laboratory*, Oxford University Press, Oxford, UK, 2009.

Hoffman, Donald D., *Visual Intelligence: How We Create What We See*, W. W. Norton & Co., New York, 1998.

Hutchings, John B., *Expectations and the Food Industry: The Impact of Color and Appearance*, Kluwer Academic/Plenum Publishers, New York, 2003.

Jablonski, Nina G., *Living Color: The Biological and Social Meaning of Skin Color*, University of California Press, Berkeley, 2012.

Keoke, Emory Dean, and Porterfield, Kay Marie, *Encyclopedia of American Indian Contributions to the World: 15,000 Years of Inventions and Innovations*,

Infobase Publishing, New York, 2009.

Kuehni, Rolf G., *Color: Essence and Logic*, Van Nostrand Reinhold Company, New York, 1983.

Kuehni, Rolf G., and Schwarz, Andreas, *Color Ordered: A Survey of Color Systems from Antiquity to the Present,* Oxford University Press, Oxford, UK, 2008.

Kuehni, Rolf G., *Color Space and Its Divisions: Color Order from Antiquity to the Present*, Wiley-Interscience, Hoboken, NJ, 2003.

Lidwell, William, and Manacsa, Gerry, *Deconstructing Product Design: Exploring the Form, Function, Usability, Sustainability, and Commercial Success of 100 Amazing Products*, Rockport Publishers, Minneapolis, 2009.

Livingstone, Margaret, *Vision and Art: The Biology of Seeing*, Abrams, New York, 2002.

Logan, William Bryant, *Dirt: The Ecstatic Skin of the Earth,* W. W. Norton & Company, New York, 2007.

Luiggi, Cristina, "Color from Structure," *The Scientist*, February 1, 2013.

Lynch, David K., and Livingston, William, *Color and Light in Nature*, Cambridge University Press, Cambridge, UK, 2001.

MacLaury, Robert E., Paramei, Galina V., and Dedrick, Don (eds.), *The Anthropology of Color: Interdisciplinary Multilevel Modeling*, John Benjamins Publishing Company, Amsterdam, 2007.

Maerz, A., *A Dictionary of Color*, McGraw Hill Book Company, New York, 1930.

"Making Imperial Purple and Indigo Dyes," *Worst Jobs in History*, http://www.imperial-purple.com/clips.html.

McCandless, David, *The Visual Miscellaneum*, Collins Design, an imprint of HarperCollins Publishers, New York, 2009.

McKinley, Catherine E., *Indigo: In Search of the Color That Seduced the World*, Bloomsbury, New York, 2011.

Mijksenaar, Paul, and Westendorp, Piet, *Open Here: The Art of Instructional Design*, Joost Elfers Books, New York, distributed by Stewart, Tabori & Chang, New York, 1999.

Munsell Soil Color Charts, X-Rite Inc., Grand Rapids: MI, 2009, revised edition.

Nassau, Kurt, *Experimenting with Color*, Franklin Watts, a division of Grolier Publishing, New York, 1997.

Nassau, Kurt, *The Physics and Chemistry of Color: The Fifteen Causes of Color*, John Wiley & Sons, Inc., New York, 1983.

Oliver, Harry, *Flying by the Seat of Your Pants: Surprising Origins of Everyday Expressions*, Penguin, London, 2001.

Pastoureau, Michel, *Blue: The History of a Color*, Princeton University Press, Princeton, NJ, 2001.

Pastoureau, Michel, *Black: The History of a Color*, Princeton University Press, Princeton, NJ, 2008.

Petroski, Henry, *The Pencil: A History of Design and Circumstance*, Knopf, New York, 1992.

Pintchman, Tracy, *Women's Lives, Women's Rituals in the Hindu Tradition*, Oxford University Press, Oxford, UK, 2007.

Poinar, George, and Poinar, Roberta, *The Quest for Life in Amber*, Perseus Publishing, New York, 1994.

Portmann, Adolf, Zahan, Dominique, Huyghe, Rene, Rowe, Christopher, Benz, Ernst, and Izutsu, Toshihiko, *Color Symbolism: Six Excerpts from the Eranos Yearbook 1972*, Spring Publications, Inc. Dallas, TX, 1977.

"Racial Classifications in Latin America," *Zona Latina*, http://www.zonalatina.com/Zldata55.htm

Schopenhauer, Arthur, *On Vision and Colors*, Princeton University Press, Princeton, NJ, 2010.

Shrestha, Mani, Dyer, Adrian G., Boyd-Gerny, Skye, Wong, Bob B. M., and Burd, Martin. "Shades of Red: Bird-Pollinated Flowers Target the Specific Colour Discrimination Abilities of Avian Vision." *New Phytologist*, 2013, 198(1), 301–310.

Slocum, Terry A., *Thematic Cartography and Visualization*, Prentice Hall, Upper Saddle River, NJ, 1999.

Smith, Annie Lorrain, *Lichens*, Cambridge University Press, London, 1921.

Spanish Word Histories and Mysteries: English Words That Come From Spanish, Houghton Mifflin Harcourt, Boston, 2007.

Stevens, Abel, and Floy, James (eds.) *The National Magazine: Devoted to Literature, Art, and Religion, Volume 12*, Carlton and Phillips, 1858.

Sterman, Baruch, and Sterman, Judy Taubes, *The Rarest Blue: The Remarkable Story of an Ancient Color Lost to History and Rediscovered*, Lyons Press, Guilford, CT, 2012.

Tan, Jeanne, *Colour Hunting: How Colour Influences What We Buy, Make And Feel*, Frame Publishers, Amsterdam, 2011.

Taussig, Michael, *What Color Is the Sacred?*, The University of Chicago Press, Chicago, 2009.

Thaller, Michelle, "Why Aren't There Any Green Stars?," *Ask an Astronomer*, http://www.spitzer.caltech.edu/video-audio/150-ask2008-002-Why-Aren-t-There-Any-Green-Stars-

"The Search for DNA in Amber," Interview with Jeremy Austin and Andrew Ross. Natural History Museum, London, http://www.nhm.ac.uk/resources-rx/files/12feat_dna_in_amber-3009.pdf

Theroux, Alexander, *The Primary Colors: Three Essays*, Henry Holt & Company, New York, 1994.

Theroux, Alexander, *The Secondary Colors: Three Essays*, Henry Holt & Company, New York, 1996.

Tufte, Edward R., *Envisioning Information*, Graphics Press, Cheshire, CT, 1990.

US Department of Veteran's Affairs, "The Purple Heart," http://www.va.gov/opa/publications/celebrate/purple-heart.pdf

Vignolini, Silvia, Rudall, Paula J., Rowland, Alice V., Reed, Alison, Moyroud, Edwige, Faden, Robert B., Baumberg, Jeremy J., Glover, Beverly J., Steiner, Ullrich, "Pointillist Structural Color in Pollia Fruit," Proceedings of the National Academy of Sciences of the United States, 2012, 109(39), 15712-15715.

Walsh, Valentine, Chaplin, Tracey, and Siddall, Ruth, *Pigment Compendium*, Routledge, London, 2008.

Whatsonwhen (ed.), *300 Unmissable Events & Festivals Around the World*, John Wiley & Sons, Inc., New York, 2009.

Whitehouse, David, "Oldest Lunar Calendar Identified," *BBC News*, October 16, 2000.

World Carrot Museum, http://www.carrotmuseum.co.uk

Zimmer, Marc, *Glowing Genes: A Revolution in Biotechnology*, Prometheus Books, Amherst, NY, 2005.

❖日本語文献

M.E.シュブルール『シュブルール色彩の調和と配色のすべて』佐藤邦夫訳、青娥書房、2009（Michel Eugène Chevreul, *De la loi du contraste simultané des couleurs et de l'assortiment des objets colorés*, 1839の邦訳）

ヘンリー・ペトロスキー『鉛筆と人間』渡辺潤、岡田朋之訳、晶文社、1993（Henry Petroski, *The Pencil: A History of Design and Circumstance*, 1990の邦訳）

索引 INDEX

【著者】ジョアン・エクスタット　*Joann Eckstut*

カラー・コンサルタント、インテリア・デザイナー。住宅をはじめとする建築や有名ブランド製品など、さまざまな分野で活躍。インテリアデザインを専門とするRoomworks社（ニューヨーク市）を設立し、インテリア／環境のカラー・トレンドを予測する合衆国色彩協会（CAUS）の12人のデザイナーのひとりに選出された。ニューヨーク市と自然豊かなニューヨーク州北部を行ったり来たりする生活。

【著者】アリエル・エクスタット　*Arielle Eckstut*

執筆家の書籍出版を支援するThe Book Doctorsを夫のデイヴィッド・ヘンリー・ステリーとともに設立。*The Essential Guide to Getting Your Book Published*など、著書９冊。共同設立したLittleMissMatchedはカラフルな服で人気を博し、現在はディズニーランドやニューヨーク五番街をはじめ、全国に支店をもつ。合衆国色彩協会の児童委員会メンバー。ニュージャージー州在住。

【訳者】赤尾秀子（あかお　ひでこ）

津田塾大学数学科卒。主な訳書に『世界を変えた24の方程式』（創元社）、『古代アフリカ』『ニュートン』『マリー・キュリー』『アフリカの森の日々』（ＢＬ出版）、『タイタニック 愛の物語』（二見書房）など。

世界で一番美しい色彩図鑑

2015年5月10日第１版第１刷　発行

著　者	ジョアン・エクスタット、アリエル・エクスタット
訳　者	赤尾秀子
発行者	矢部敬一
発行所	株式会社 創元社

http://www.sogensha.co.jp/
本社　〒541-0047 大阪市中央区淡路町4-3-6　Tel.06-6231-9010　Fax.06-6233-3111
東京支店　〒162-0825 東京都新宿区神楽坂4-3 煉瓦塔ビル　Tel.03-3269-1051

Printed in China　ISBN978-4-422-70095-3 C0070